前言

After Effects CC是Adobe公司推出的一款图像视频处理软件，有着强大的视频处理功能，可以帮助视频制作人员、设计人员以及动画制作设计者轻松地制作出更好的视频效果，更加快速高效地完成动态效果及视觉体验的一系列视频处理。为了满足新形势下的教育需求，我们组织了一批富有经验的设计师和高校教师，共同策划编写了本书，以让读者能够更好地掌握作品的设计技能，更好地提升动手能力，更好地与社会相关行业接轨。

本书内容

本书以实操案例为单元，以知识详解为线索，先后对各类视频后期效果的制作方法、操作技巧、理论支撑、知识阐述等内容进行了介绍，全书分为10章，其主要内容如下。

章 节	作品名称	知识体系
第1章	自定义操作界面	主要讲解了After Effects的应用与编辑格式、工作界面、首选项设置、工作区设置以及影视后期制作知识等
第2章	创建我的项目	主要讲解了项目的创建、素材的导入、素材的管理、合成知识等
第3章	制作电子相册	主要讲解了图层分类、图层基本操作、图层属性、图层混合模式、图层样式、关键帧的创建与编辑等
第4章	制作文字飞入效果	主要讲解了文字的创建与编辑、文字属性的设置、动画控制器类型、表达式的语法与创建等
第5章	制作季节变化效果	主要讲解了色彩基础知识、调色滤镜知识等
第6章	制作水墨展开效果	主要讲解了蒙版动画原理、蒙版的创建等
第7章	制作玻璃写字动画	主要讲解了"生成"滤镜组、"风格化"滤镜组、"模糊和锐化"滤镜组、"透视"滤镜组、"过渡"滤镜组等
第8章	制作舞动粒子效果	主要讲解了内置仿真粒子特效、Particular特效、Form特效等
第9章	制作动感光线效果	主要讲解了内置光效、Light Factory滤镜、Shine滤镜、Starglow滤镜等
第10章	制作图标跟随动画	主要讲解了抠像、"抠像"特效组、运动跟踪与运动稳定等

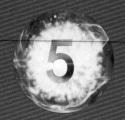
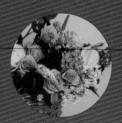
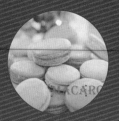
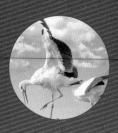

5

阅读指导

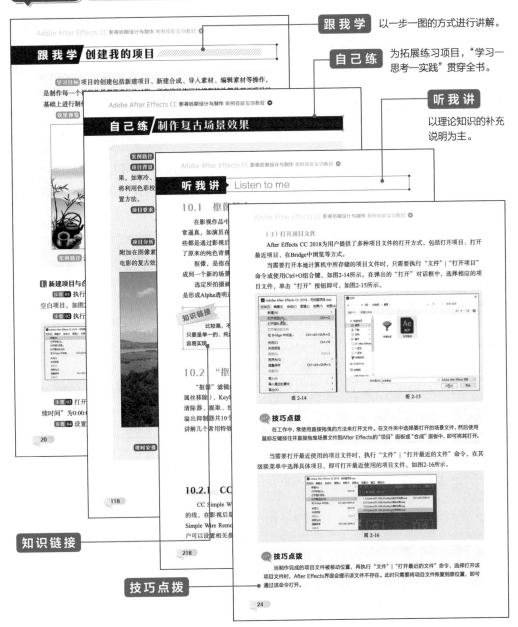

跟我学 以一步一图的方式进行讲解。

自己练 为拓展练习项目，"学习—思考—实践"贯穿全书。

听我讲 以理论知识的补充说明为主。

知识链接

技巧点拨

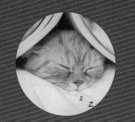 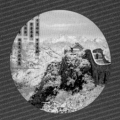 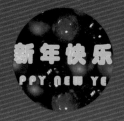 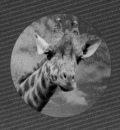

课时安排

本书结构合理、讲解细致，特色鲜明，内容着眼于专业性和实用性，符合读者的认知规律，也更侧重于综合职业能力与职业素养的培养，集"教、学、练"为一体。本书的参考学时为60课时，其中理论学习为24学时，实训为36学时。

配套资源

- 所有"跟我学"案例的素材及最终文件；
- 拓展练习"自己练"案例的素材及最终文件；
- 案例操作视频，扫描书中二维码即可观看；
- 后期剪辑软件常用快捷键速查表；
- 全书各章PPT课件；
- QQ在线答疑专属服务。

本书由柳州市第二职业技术学校的黄军强、叶丰编写，其中黄军强编写第1~6章，叶丰编写第7~10章。编者在长期的工作中积累了大量的经验，在写作的过程中始终坚持严谨细致的态度，力求精益求精。由于时间有限，书中疏漏之处在所难免，希望广大读者朋友批评指正。

编　者

扫描二维码获取配套资源

目录

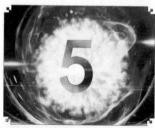
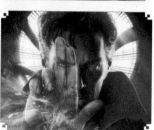
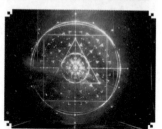
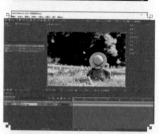
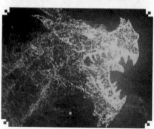

第1章
After Effects 轻松入门

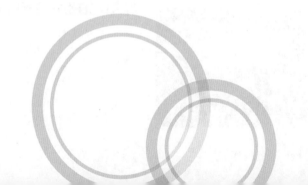

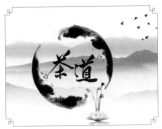

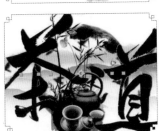

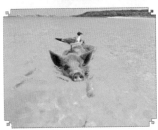

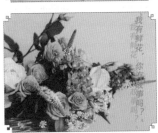

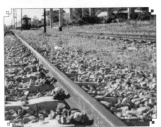

第 **2** 章

After Effects 操作详解

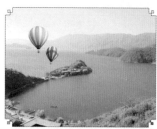

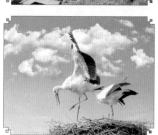

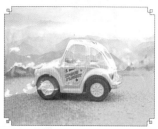

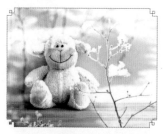

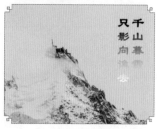

第 **3** 章

图层应用详解

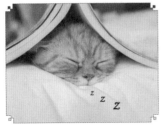

第 **4** 章

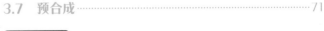

文字特效详解

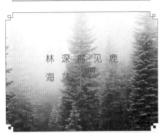

▶▶▶ 跟我学

▶▶▶ 听我讲

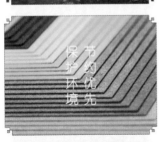
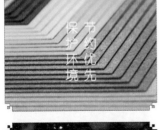

▶▶▶ 自己练

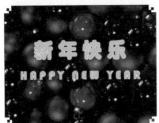
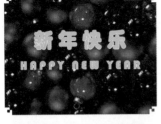

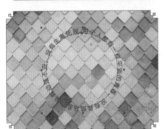

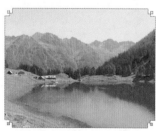

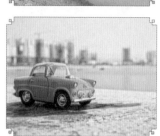

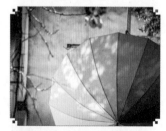

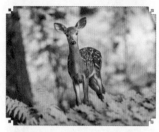

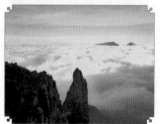

第 **5** 章
色彩校正与调色

▶▶▶跟我学

制作季节变化效果 ·································· 92

▶▶▶听我讲

▶▶▶自己练

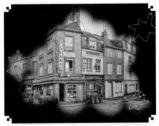

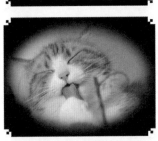

第 **6** 章

蒙版特效详解

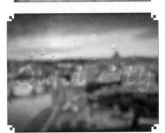

第 **7** 章

内置滤镜特效详解

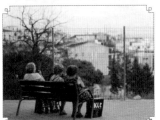

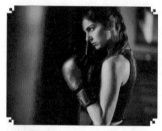
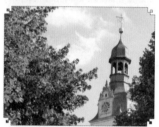
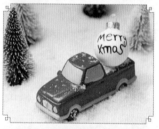
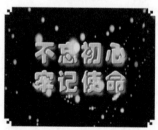
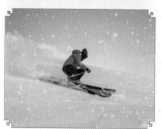

第 **8** 章

仿真粒子特效详解

▶▶▶ 跟我学
制作舞动粒子效果

▶▶▶ 听我讲

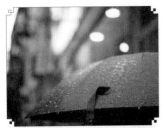
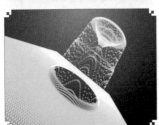

第 **9** 章

光效滤镜详解

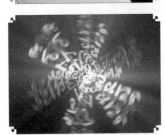

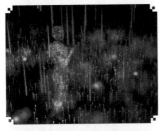

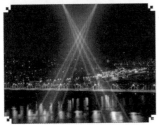

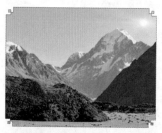

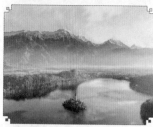

第 **10** 章

抠像与跟踪详解

▶▶▶跟我学

制作图标跟随动画 ·································· 214

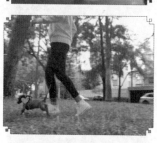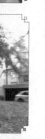

▶▶▶听我讲

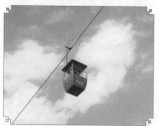

▶▶▶自己练

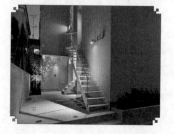

After Effects

After Effects

第 1 章

After Effects
轻松入门

本章概述

After Effects简称AE，是Adobe公司开发的一个视频剪辑及设计软件，是制作动态影像设计不可或缺的辅助工具。通过对本章内容的学习，用户可以全面认识After Effects CC 2018的工作界面并掌握视频剪辑的相关知识。

要点难点

- After Effects CC 2018的应用领域 ★☆☆
- After Effects CC 2018的编辑格式 ★☆☆
- After Effects CC 2018的工作界面 ★★☆
- 设置After Effects CC 2018的首选项 ★★★

跟我学 自定义操作界面

学习目标 Adobe系列的软件界面颜色都是可调整的，After Effects CC 2018默认的工作界面是黑灰色，根据个人喜好，可以对其外观颜色进行适当调整。界面颜色的设置是在"首选项"对话框中进行的，执行"编辑"|"首选项"|"外观"命令即可打开该对话框。

案例路径 云盘 / 实例文件 / 第1章 / 跟我学 / 自定义操作界面

1. 新建合成

步骤 01 启动After Effects CC 2018，当前工作界面如图1-1所示。

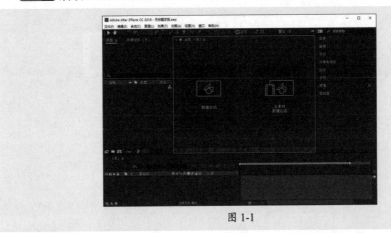

图 1-1

步骤 02 在"项目"面板的空白处单击鼠标右键，在弹出的快捷菜单中选择"新建合成"命令，如图1-2所示。

步骤 03 在"合成设置"对话框中，设置"合成名称"为"合成1"并设置合成的基本参数，如图1-3所示。

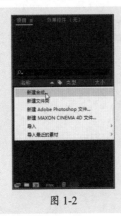

图 1-2

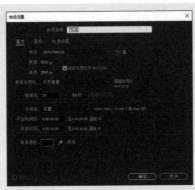

图 1-3

②设置首选项参数

步骤 **01** 单击"确定"按钮后，即可观看到工作界面效果，如图1-4所示。

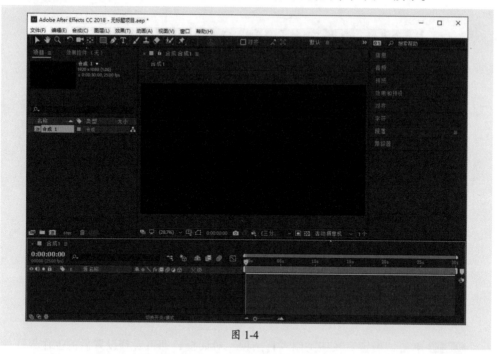

图 1-4

步骤 **02** 执行"编辑"|"首选项"|"外观"命令，打开"首选项"对话框，切换到"外观"选项设置界面，如图1-5所示。

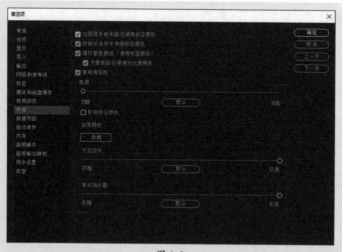

图 1-5

知识链接　　　在"首选项"对话框中调整外观亮度时，工作界面的大部分区域也会随着滑块的移动变亮，便于用户预览界面效果并及时调整。

步骤 03 在"亮度"选项组中拖动滑块至最右侧，此时面板的颜色会随着滑块的移动逐渐变亮，如图1-6所示。

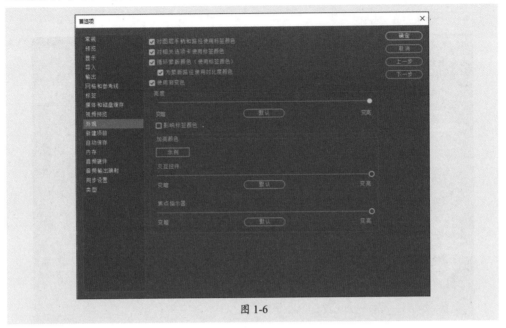

图 1-6

步骤 04 单击"确定"按钮关闭"首选项"对话框，即可看到设置后的工作界面颜色，如图1-7所示。

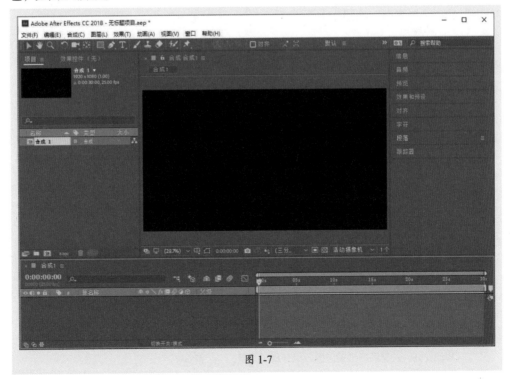

图 1-7

1.1 After Effects CC入门必备

After Effects是一款用于高端视频特效系统的专业特效合成软件，在正式学习After Effects CC 2018之前，首先要了解的是After Effects的应用领域以及编辑格式。

1.1.1 After Effects的应用

After Effects应用范围广泛，涵盖影片、电影、广告、多媒体以及网页，是电视台、影视后期工作室和动画公司的常用软件。

在影视后期处理方面，利用After Effects可以制作出天衣无缝的合成效果。

在制作CG动画方面，利用After Effects可以合成电脑游戏的CG动画，并确保高质量视频的输出。

在制作特殊效果方面，利用After Effects可以制作出令人眼花缭乱的特技，轻松实现用户的一切创意，如图1-8所示。

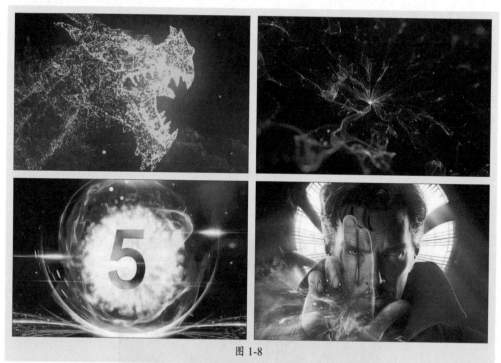

图 1-8

1.1.2 After Effects编辑格式

由于使用After Effects的用户大部分是为了满足电视特效制作的需要，所以应了解数字视频的各种格式。

（1）视频压缩

视频具有直观性、高效性、广泛性等优点，但由于信息量太大，要使视频得到有效的应用，必须首先解决视频压缩编码问题，其次解决压缩后视频质量的保证问题。

由于视频信号的传输信息量大，传输网络带宽要求高，如果直接对视频信号进行传输，以现在的网络带宽来看很难达到，所以就要求在视频信号传输前先进行压缩编码，即进行视频源压缩编码，然后再传送以节省带宽和存储空间。

（2）数字音频

声音是多媒体技术研究中的一个重要内容，声音的种类繁多，如人的话音、动物的叫声、乐器的声响，以及自然界的风雷雨电声等。声音的强弱体现在声波压力的大小上，音调的高低体现在声音的频率上。带宽是声音信号的重要参数，用来描述组成符合信号的频率范围。如高保真声音的频率范围为10~20000Hz，它的带宽约为20kHz。而视频信号的带宽为6MHz。

要处理或合成声音，计算机必须把声波转换成数字，这个过程称为声音数字化，它是把连续的声波信号，通过一种称为模数转换器的部件转换成数字信号，供计算机处理。转换后的数字信号又可以通过数模转换经过放大输出，变成人耳能够听到的声音。

（3）常见的视频格式

常见的视频格式是后期制作的基础，而After Effects支持多种视频格式。常见的视频格式包括AVI、MPEG、MOV和ASF格式等。

1.2　认识After Effects CC 2018

After Effects CC 2018是一个非线性影视软件，用于视频特效系统的专业特效合成。它可以利用层的方式将一些非关联的元素关联到一起，从而制作出满意的作品。

启动After Effects CC 2018时，桌面上会出现一个启动界面，显示软件的加载进度，如图1-9所示。

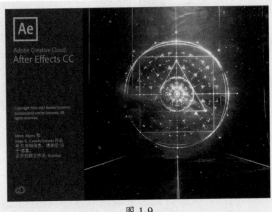

图 1-9

After Effects CC 2018成功启动后，系统会弹出"开始"对话框，右侧显示最近打开过的项目，左侧显示"新建项目""打开项目""新建团队项目"以及"打开团队项目"按钮，如图1-10所示。

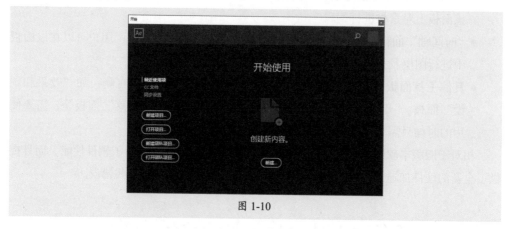

图 1-10

待进入工作界面后，便能看到软件的真面目。After Effects的工作界面主要是由菜单栏、工具栏、"项目"面板、"合成"面板、"时间轴"面板以及各类其他面板组成，如图1-11所示。

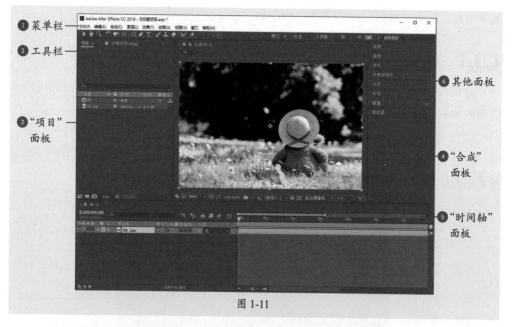

图 1-11

- **菜单栏**：包含文件、编辑、合成、图层、效果、动画、视图、窗口和帮助共9个菜单项。
- **工具栏**：包含十余种工具，如选择工具、缩放工具、形状工具、文字工具、钢笔工具等，使用频率比较高，是After Effects CC非常重要的部分。
- **"项目"面板**：该面板主要用于管理素材和合成文件，是After Effects CC的四大

功能面板之一。用户可以单击鼠标右键进行新建合成、新建文件夹等操作，也可以显示或存放项目中的素材或合成。

- **"合成"面板**：该面板主要用于显示当前合成的画面效果，并且用户可以直接在该面板上对素材进行编辑。
- **"时间轴"面板**：该面板是控制图层效果或图层运动的平台，用户可以在该面板中进行图层及关键帧的相关操作。
- **其他工具面板**：工作界面中还有一些面板存在于工作界面右侧，如"效果和预设"面板、"音频"面板、"对齐"面板、"字符"面板、"段落"面板等，需要使用的时候只需单击面板标题即可打开相应的面板。

相对于旧版本软件来讲，After Effects CC 2018版本进一步提升了软件性能，而且提供了全新的硬件加速解码、扩展和改进了对格式的支持并修复了一些错误。

1.3　设置After Effects CC 2018

通常，系统会按默认设置运行After Effects CC软件，但为了适应用户制作需求，也为了使所制作的作品更能满足各种特技要求，用户可以利用"首选项"对话框进行一些基本设置。执行"编辑"|"首选项"命令即可打开该对话框。

1.3.1　常用首选项

常用首选项是一些基本的、经常使用的选项设置，包括常规、预览、显示和视频预览等内容。

（1）常规

打开"首选项"对话框，在"常规"选项设置界面中可以设置软件操作中的一些最基本的操作选项，如图1-12所示。

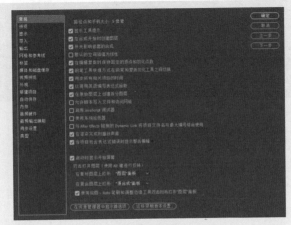

图1-12

（2）预览

在"预览"选项设置界面中，用户可以设置项目完成后的预览参数，如图1-13所示。

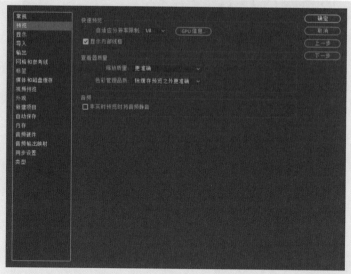

图 1-13

（3）显示

在"显示"选项设置界面中，用户可以设置项目的运动路径以及"项目"面板、"信息"面板的显示效果，如图1-14所示。

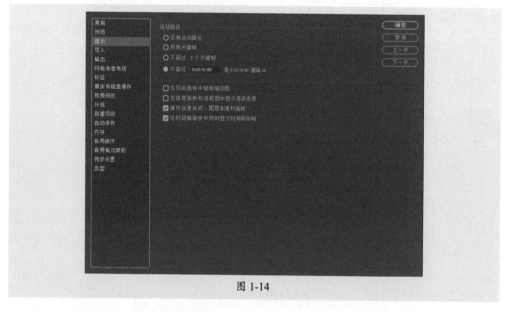

图 1-14

（4）视频预览

在"视频预览"选项设置界面中，用户可以选择使用Mercury Transmit将视频帧发送至外部视频设备进行视频预览，如图1-15所示。

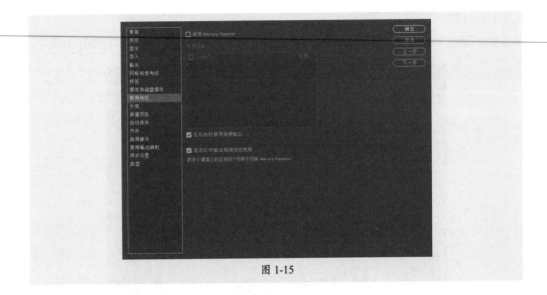

图 1-15

1.3.2　导入和输出首选项

导入和输出选项主要用于设置项目中素材的导入参数，以及影片和音频的输出参数和方式。

（1）导入

在"导入"选项设置界面中，用户可以设置静止素材、序列素材、自动重新加载素材等素材导入选项，如图1-16所示。

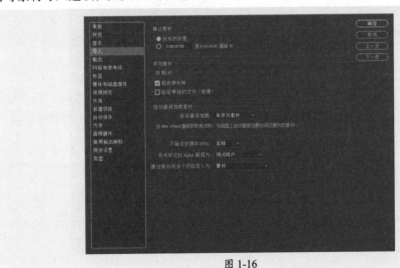

图 1-16

（2）输出

在"首选项"对话框中，切换至"输出"选项设置界面，在其中设置影片的输出参数，如图1-17所示。

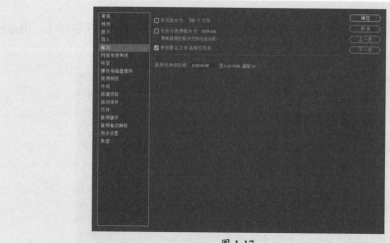

图 1-17

（3）音频输出映射

在"首选项"对话框中，切换至"音频输出映射"选项设置界面，在其中设置音频映射时的输出格式，如图1-18所示。

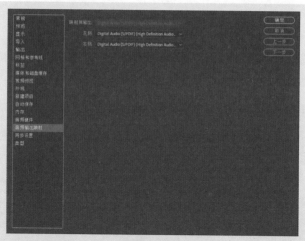

图 1-18

知识链接　　在"音频输出映射"选项设置界面中，只包含了"映射其输出""左侧"和"右侧"3个选项，每个选项的具体设置与计算机所安装的音频卡相关，用户只需要根据当前计算机的音频硬件进行相应的设置即可，一般情况下可以使用默认设置。

1.3.3　界面和保存首选项

界面和保存首选项主要用于设置工作界面中的网格、参考线、标签和外观，以及软件的自动保存功能，以使软件更加符合用户的使用习惯。

（1）网格和参考线

在"网格和参考线"选项设置界面中，用户可以设置网格颜色、网格样式、网格线间隔，以及对称网格、参考线和安全边距等选项，如图1-19所示。

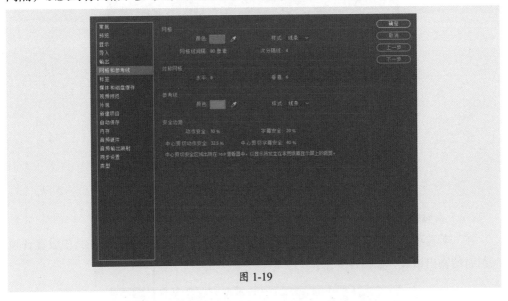

图 1-19

（2）标签

在"标签"选项设置界面中，用户可以设置各种标签的默认值和颜色，如合成、视频、音频、静止图像、灯光、文本等，如图1-20所示。

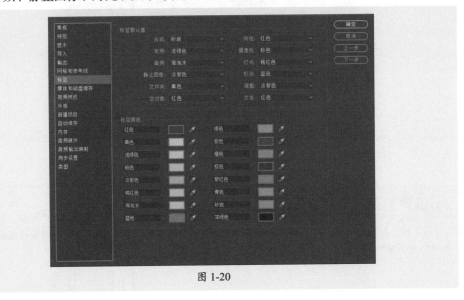

图 1-20

（3）外观

在"外观"选项设置界面中，用户可以设置图层手柄、路径、选项卡、蒙版等使用标签颜色，还可以设置界面亮度，如图1-21所示。

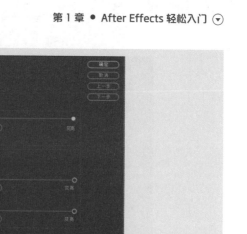

图 1-21

（4）自动保存

在"自动保存"选项设置界面中，用户可以选择开启自动保存和启动渲染队列时保存，设置自动保存间隔时间以及自动保存位置等，如图1-22所示。

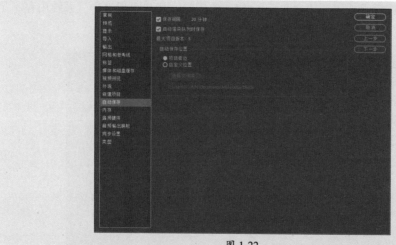

图 1-22

1.3.4 硬件和同步首选项

硬件和同步首选项主要用于设置制作项目时所需要的媒体和磁盘缓存/音频硬件，以及新增加的同步设置功能。

（1）媒体和磁盘缓存

在"媒体和磁盘缓存"选项设置界面中，用户可以设置磁盘缓存、符合的媒体缓存和XMP元数据等参数，如图1-23所示。在软件使用一段时间后，可以在该选项设置界面中进行缓存的清理。

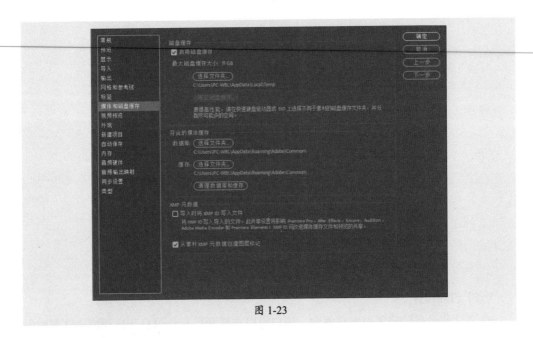

图 1-23

（2）内存

在"内存"选项设置界面中会显示RAM的使用量，用户可以选中"系统内存不足时减少缓存大小"复选框，如图1-24所示。

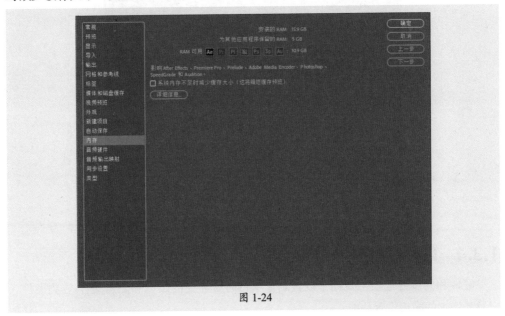

图 1-24

（3）音频硬件

在"音频硬件"选项设置界面中，用户可以选择设备类型、默认输出设备以及等待时间，在展开的列表中设置音频的相关参数，如图1-25所示。单击"设置"按钮可以打开系统的"声音"设置对话框。

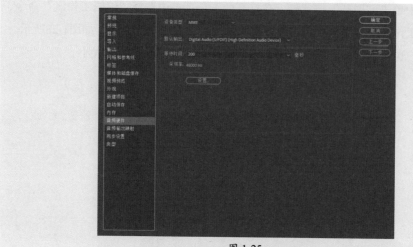

图 1-25

（4）同步设置

在"同步设置"选项设置界面中，用户可以根据需要选择首选项、键盘快捷键等可同步的参数，如图1-26所示。

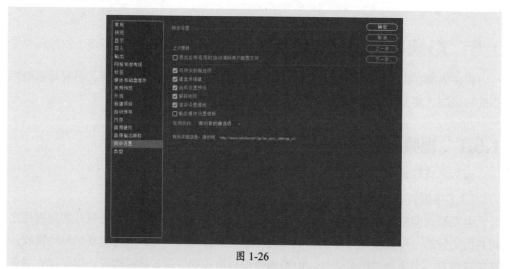

图 1-26

1.4 工作区设置

After Effects CC的工作界面是可以自由调整的，并为用户提供了13种工作区样式，包括默认、标准、小屏幕、库、所有面板、动画、基本图形、颜色、效果、简约、绘画、文本、运动跟踪，如图1-27所示。用户可以根据需要选择合适的样式。

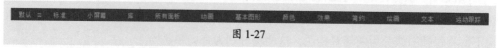

图 1-27

在工具栏中单击"展开"按钮▶▶，在打开的下拉菜单中选择"编辑工作区"命令，会打开"编辑工作区"对话框，用户可以自由移动或删除工作区样式，如图1-28所示。

此外，用户也可以根据需要自由调整各个面板的显示/隐藏或分布大小。

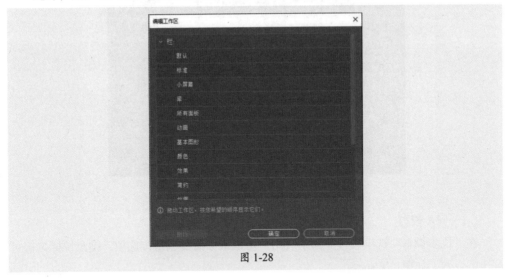

图 1-28

1.5 影视后期制作知识

很多人都在接受来自影视媒体的影响，如电视、电影、视频广告等，但对其后期制作的知识知之甚少，下面我们将着重对影视后期的制作知识进行介绍。

1.5.1 视频基础知识

本节将对视频的一些基础知识进行简要介绍。

（1）电视制式

电视制式即指传送电视信号所采用的技术标准，通俗地讲，就是电视台和电视机之间共同实行的一种处理视频和音频信号的标准，当标准统一时，即可实现信号的接收。基带视频是一个简单的模拟信号，由视频模拟数据和视频同步数据构成，用于接收端正确地显示图像，信号的细节取决于应用的视频标准或者制式。

世界上广泛使用的电视广播制式主要有PAL、NTSC和SECAM三种，中国大部分地区均使用PAL制式，欧美国家、日韩和东南亚地区主要使用NTSC制式，而俄罗斯则主要使用SECAM制式。

（2）电视扫描方式

电视扫描方式主要分为逐行扫描和隔行扫描。逐行扫描是指每一帧图像由电子束顺序地以均匀速度一行接着一行连续扫描而成。而隔行扫描就是在每帧扫描行数不变的情况下，将每帧图像分为两场来传送，这两场分别为奇场和偶场。

（3）数字视频的压缩

由于视频信号的传输信息量大，传输网络带宽要求高，如果直接对视频信号进行传输，以现在的网络带宽来看很难达到要求，所以在视频信号传输前先进行压缩编码，即进行视频源压缩编码，然后再传送以节省带宽和存储空间。对于视频压缩有两个基本要求：一是必须是在一定的带宽内，即视频编码器应具有足够的压缩比；二是视频信号压缩之后，经恢复应保持一定的视频质量。

1.5.2　线性和非线性编辑

线性编辑与非线性编辑对于从事影视制作的工作人员都是不得不提的，这是两种不同的视频编辑方式。

（1）线性编辑

传统的视频剪辑采用了录像带剪辑的方式。这种线性编辑需要的硬件多，价格昂贵，多个硬件设备之间不能很好地兼容，对硬件性能有很大的影响。

（2）非线性编辑

非线性编辑是相对于线性编辑而言的，是直接从计算机的硬盘中以帧或文件的方式迅速、准确地存取素材，进行编辑的方式。非线性编辑有很大的灵活性，不受节目顺序的影响，可以按任意顺序进行编辑。

1.5.3　影视后期合成方式

影视后期合成主要包括影片的特效制作、音频制作及素材合成。主要的合成软件有层级合成和节点式合成两类，其中After Effects和Combustion为层级合成软件，而DFusion、Shake和Premiere则是节点式合成软件。

知识链接　　DFusion是用于影视后期独立的图像处理的特效合成平台。DFusion中的工具都是由专业特效艺术家和编辑(者)根据影视制作需要，专门研发产生的。

1.6　影视后期制作流程

影视后期制作主要包括镜头组接、特效制作、声音合成三个部分。

（1）影视广告制作的基本流程

影视广告制作的后期程序大致为：冲胶片、胶转磁、剪辑、配音、作曲（或选曲）、特技处理（数码制作）、合成。其中，电视摄像机没有胶片冲洗以及胶转磁的过程。

（2）电视包装制作的基本流程

电视包装制作的基本流程是：设计主题Logo、寻找素材、制作三维模型、绘制分镜头、客户审核、整理镜头、设置三维动画、制作粗模动画、渲染三维成品、制作成品动画。

自己练 / 创建自己的工作区

案例路径 云盘/实例文件/第1章/自己练/创建自己的工作区

项目背景 After Effects CC的工作界面中有各种各样的面板，有一些不常用的面板可以将其关闭，最后形成一个常用的工作区布局。用户可以对这个工作区布局进行保存，以便于下次启动After Effects CC时调用。

项目要求 ①选择常用的面板类型和合适的面板大小。

②为自定义的工作区命名一个简单好记的名字。

项目分析 启动After Effects，在"编辑工作区"对话框中删除多余的工作区类型；关闭不常用的面板，并对面板布局大小进行调整；执行"窗口"|"工作区"|"另存为新工作区"命令，命名新的工作区，如图1-29所示。

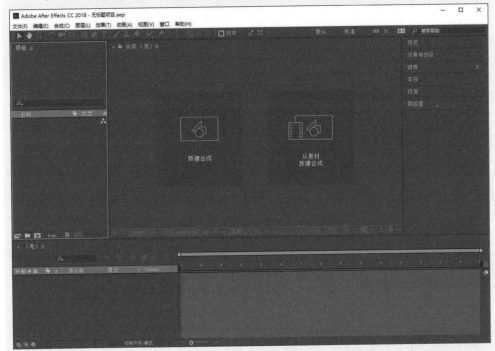

图 1-29

课时安排 1课时。

第2章

After Effects
操作详解

本章概述

　　After Effects的一个项目是存储在硬盘上的单独文件，其中存储了合成、素材以及所有的动画信息。一个项目可以包含多个素材和多个合成，合成中的许多层是通过导入的素材创建的，还有些是在After Effects中直接创建的图形图像文件。

　　本章将详细介绍创建和管理项目的基础知识和操作技巧，为用户使用After Effects CC 2018制作高质量的影片特效奠定坚实的基础。

要点难点

- 新建和设置项目 ★☆☆
- 导入素材 ★★☆
- 管理和解释素材 ★☆☆
- 创建合成 ★★★

跟我学 创建我的项目

学习目标 项目的创建包括新建项目、新建合成、导入素材、编辑素材等操作，这些操作是制作每一个视频效果都要进行的过程。所有缤纷绚丽的视频特效都是基于项目而进行制作的，本案例将详细介绍新建合成、导入素材等具体操作。

效果预览

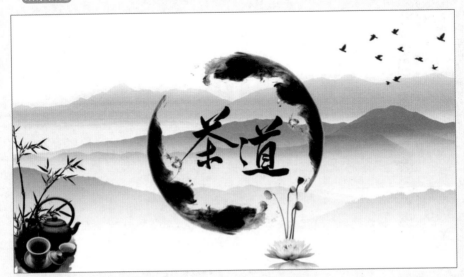

案例路径 云盘/实例文件/第2章/跟我学/创建我的项目

1. 新建项目与合成

步骤 01 执行 "文件" | "新建" | "新建项目" 命令，即可创建一个采用默认设置的空白项目，如图2-1所示。

步骤 02 执行 "合成" | "新建合成" 命令，或按Ctrl+N组合键，如图2-2所示。

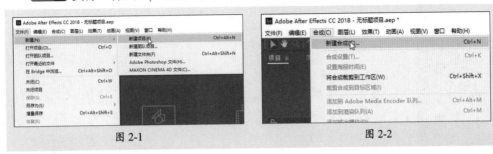

图 2-1   图 2-2

步骤 03 打开 "合成设置" 对话框，设置 "预设" 为HDTV 1080 25，设置 "持续时间" 为0:00:05:00，设置 "背景颜色" 为白色，如图2-3所示。

步骤 04 设置完毕后单击 "确定" 按钮关闭对话框即可创建合成，如图2-4所示。

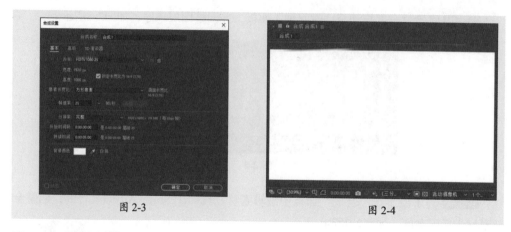

图 2-3   图 2-4

2. 导入并调整素材

步骤 **01** 在"合成"面板的空白处单击鼠标右键，在弹出的快捷菜单中选择"导入"|"文件"命令，如图2-5所示。

步骤 **02** 打开"导入文件"对话框，从目标路径选择要导入的素材文件（按住Ctrl键可加选），其余参数设置如图2-6所示。

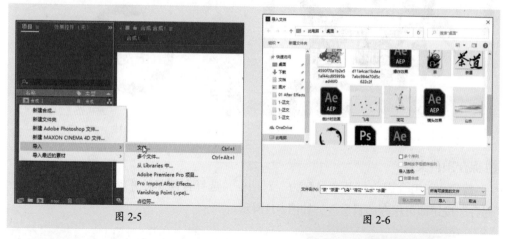

图 2-5   图 2-6

步骤 **03** 单击"导入"按钮即可导入素材至"项目"面板中，如图2-7所示。

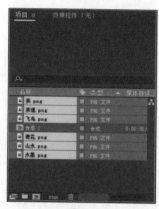

图 2-7

21

步骤 04 将素材全部拖动至"时间轴"面板，并调整图层顺序，如图2-8所示。

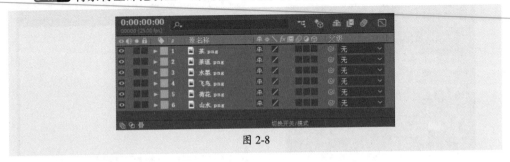

图 2-8

步骤 05 为了便于在"合成"面板中编辑素材，按Ctrl+Shift+Alt+G组合键，调整全部素材为适配高度，如图2-9所示。

步骤 06 依次调整各个素材的大小及位置，在"合成"面板中可以预览到最终效果，如图2-10所示。

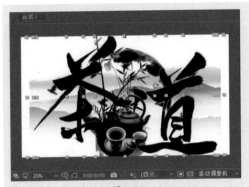

图 2-9

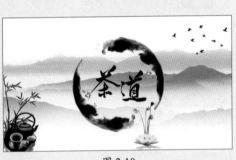

图 2-10

3. 保存项目文件

按Ctrl+S组合键，打开"另存为"对话框，选择存储路径并输入项目名称，单击"保存"按钮即可保存项目文件，如图2-11所示。

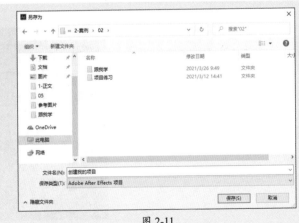

图 2-11

听 我 讲 ◢ Listen to me

2.1 创建项目

在编辑视频文件时，首先要做的就是创建一个项目文件，规划好项目的名称及用途，如果用户要制作比较特殊的项目，则需新建项目并对项目进行更详细的设置。

2.1.1 创建与打开项目

After Effects CC中的项目是一个文件，用于存储合成、图形及项目素材使用的所有源文件的引用。在新建项目之前，用户还需要先了解一下项目的基础知识。

（1）项目概述

当前项目的名称显示在After Effects CC窗口的顶部，一般使用.aep作为文件扩展名。除了该文件扩展名外，还支持模板项目文件的.aet文件扩展名和.aepx文件扩展名。

（2）新建空白项目

执行"文件"|"新建"|"新建项目"命令，即可创建一个采用默认设置的空白项目，如图2-12和图2-13所示。用户也可以使用Ctrl+Alt+N组合键快速创建一个空白项目。

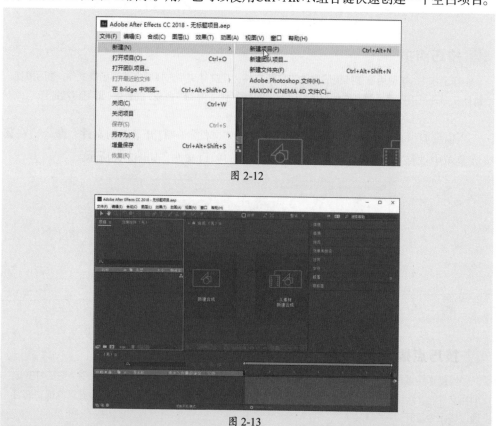

图 2-12

图 2-13

（3）打开项目文件

After Effects CC 2018为用户提供了多种项目文件的打开方式，包括打开项目、打开最近项目、在Bridge中浏览等方式。

当需要打开本地计算机中所存储的项目文件时，只需要执行"文件"|"打开项目"命令或使用Ctrl+O组合键，如图2-14所示。在弹出的"打开"对话框中，选择相应的项目文件，单击"打开"按钮即可，如图2-15所示。

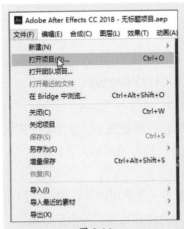
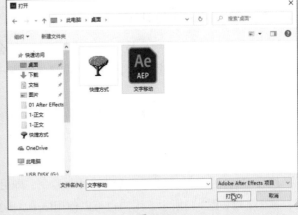

图 2-14　　　　　　　　　　　　　　　　图 2-15

💬 **技巧点拨**

在工作中，常使用直接拖曳的方法来打开文件。在文件夹中选择要打开的场景文件，然后按住鼠标左键并直接拖曳场景文件到After Effects的"项目"面板或"合成"面板中，即可将其打开。

当需要打开最近使用的项目文件时，执行"文件"|"打开最近的文件"命令，在其级联菜单中选择具体项目，即可打开最近使用的项目文件，如图2-16所示。

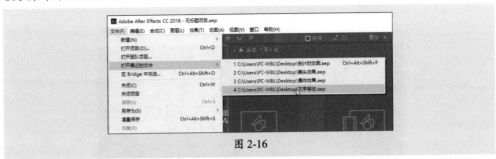

图 2-16

💬 **技巧点拨**

当制作完成的项目文件被移动位置，再执行"文件"|"打开最近的文件"命令，选择打开该项目文件时，After Effects界面会提示该文件不存在。此时只需要将项目文件恢复到原位置，即可通过该命令打开。

2.1.2　保存和备份项目

在制作完项目及合成文件后，需要及时地将项目文件进行保存与备份，以免计算机突然出错带来不必要的损失。

（1）保存项目

保存项目是将新建项目或重新编辑的项目保存在本地计算机中，对于新建项目则需要执行"文件"|"保存"命令（见图2-17），在弹出的"保存为"对话框中设置存储名称和存储路径，单击"保存"按钮即可，如图2-18所示。

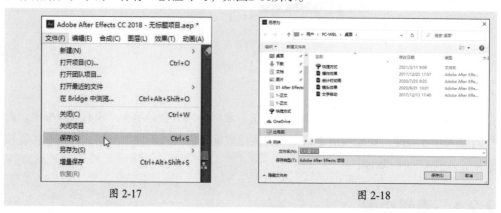

图 2-17　　　　　　　　　　　　　　图 2-18

（2）保存为副本

如果需要将当前项目文件保存为一个副本，则可以执行"文件"|"另存为"|"保存副本"命令，在弹出的"保存副本"对话框中设置保存名称和位置，单击"保存"按钮即可，如图2-19和图2-20所示。

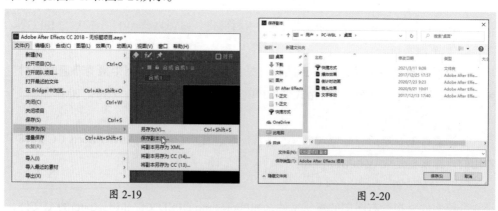

图 2-19　　　　　　　　　　　　　　图 2-20

（3）保存为XML文件

当用户需要将当前项目文件保存为XML编码文件时，依次执行"文件"|"另存为"|"将副本另存为XML"命令，在弹出的"副本另存为XML"对话框中设置保存名称和位置，单击"保存"按钮即可，如图2-21和图2-22所示。

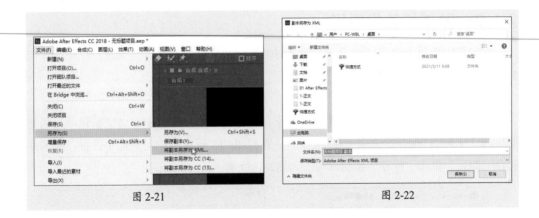

图 2-21   图 2-22

2.2 导入素材

After Effects提供了多种导入素材的方法，素材导入后会显示在"项目"面板中。素材的导入非常关键，要想做出丰富多彩的视觉效果，需要将不同类型格式的图形、动画效果导入到After Effects中。

2.2.1 素材类型

在使用After Effects制作影视特效时，不仅能导入视频文件、动画文件、静止图片文件，还可以导入声音格式的素材文件。素材是After Effects的基本构成元素，在After Effects中可导入的素材包括动态视频、静帧图像、音频文件、分层文件等。

（1）视频素材

视频素材是由一系列单独的图像组成的素材形式。如MOV、AVI、WMV、MPEG等。

（2）图像素材

图像素材是指各类摄影、设计图片，是影视特效制作中运用得最为普遍的素材。After Effects CC支持的图像素材格式包括JPEG、JPG、GIF、PNG、TIFF、BMP等。

（3）音频素材

音频素材主要是指一些特效声音、字幕配音、背景音乐等，After Effects CC 2018中常用的声音素材是WAV和MP3格式。

（4）分层文件

分层文件是指含有图层的素材文件，如Photoshop的PSD文件和Illustrator的AI文件，在导入时After Effects CC可以保留文件中的图层信息，并且用户可选择以"素材"或"合成"的方式进行导入。

技巧点拨

当以"合成"方式导入素材时，After Effects CC 会将整个素材作为一个合成。在合成里面，原始素材的图层信息可以得到最大限度的保留，用户可以在这些原有图层的基础上再次制作一些特效和动画。如果以"素材"方式导入素材，用户可以选择以"合并图层"的方式将原始文件的所有图层合并后再一起进行导入，也可以以"选择图层"的方式选择某些图层作为素材进行导入。

2.2.2 菜单导入素材

执行"文件"|"导入"|"文件"命令，或按Ctrl+I组合键，如图2-23所示。在弹出的"导入文件"对话框中选择需要导入的文件即可，如图2-24所示。

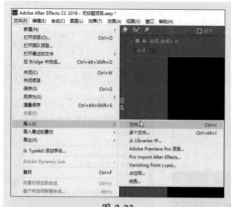

图 2-23

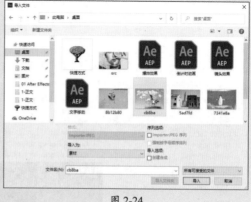

图 2-24

2.2.3 项目面板导入素材

在"项目"面板的空白处单击鼠标右键，在弹出的快捷菜单中选择"导入"|"文件"命令，如图2-25所示，或双击鼠标左键，也可打开"导入文件"对话框。

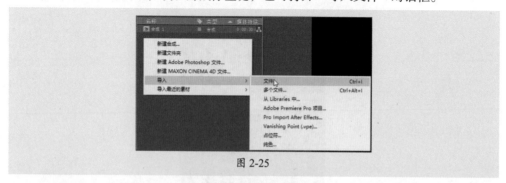

图 2-25

知识链接

在"项目"面板的素材列表空白区域单击鼠标右键，在弹出的快捷菜单中可以进行新建合成、新建文件夹、导入素材等操作。

2.3 管理素材

在使用After Effects导入大量素材之后，为保证后期制作工作有序开展，还需要对素材进行一系列的管理和解释。

2.3.1 组织素材

"项目"面板中提供了素材组织功能，用户可以使用文件夹进行组织素材的操作。下面详细介绍几种通过创建文件夹组织素材的操作方法。

执行菜单栏中的"文件"|"新建"|"新建文件夹"命令，即可创建一个新的文件夹，如图2-26所示；在"项目"面板的空白处单击鼠标右键，在弹出的快捷菜单中选择"新建文件夹"命令，即可创建一个新的文件夹，如图2-27所示。

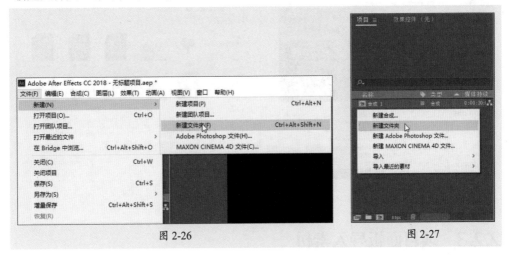

图 2-26   图 2-27

在"项目"面板下方单击"创建一个新的文件夹"按钮同样可以创建文件夹。对于"项目"面板中的素材文件，可以分门别类地创建文件夹用于管理素材，如图2-28所示。

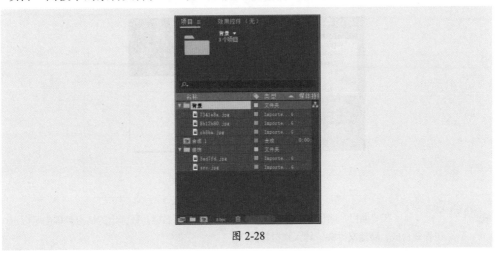

图 2-28

2.3.2　替换素材

在进行视频处理的过程中，如果导入的After Effects CC 2018素材不理想，可以通过替换的方式来修改。

在"项目"面板中选择要替换的素材，单击鼠标右键，在弹出的快捷菜单中选择"替换素材"|"文件"命令，如图2-29所示；在弹出的"替换素材文件"对话框中选择要替换的素材，单击"导入"按钮即可，如图2-30所示。

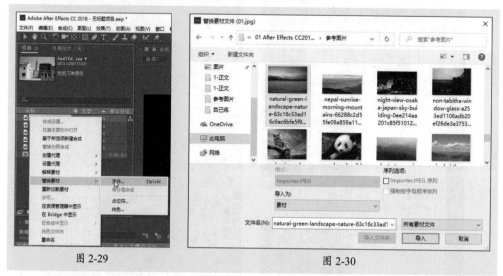

图 2-29　　　　　　　　　　　　　　　　　图 2-30

💬 **技巧点拨**

在替换素材时，如果在"替换素材文件"对话框中选中"ImporterJPEG序列"复选框，则"项目"面板中两个素材会同时存在，无法完成素材的替换，因此要取消选中该复选框。

2.3.3　解释素材

由于视频素材有很多种规格参数，如帧速、场、像素比等。如果设置不当，在播放时会出现问题，这时需要对这些视频参数进行重新解释处理。

在"项目"面板中选择某个素材，单击鼠标右键，在弹出的快捷菜单中选择"解释素材"|"主要"命令，如图2-31所示；或直接单击"项目"面板底部的"解释素材"按钮，即会弹出"解释素材"对话框，如图2-32所示。

利用"解释素材"对话框可以对素材的Alpha通道、帧速、场、像素比、循环等进行重新解释。

（1）设置Alpha通道

如果素材带有Alpha通道，系统将会打开"解释素材"对话框并自动识别Alpha通道。在Alpha选项组中主要包括以下几种选项。

- **忽略：** 忽略Alpha通道的透明信息，透明部分以黑色填充替代。
- **直接-无遮罩：** 将通道解释为直接型。
- **预乘-有彩色遮罩：** 将通道解释为预乘型，并可制定蒙版颜色。
- **猜测：** 让软件自动猜测素材所用的通道类型。
- **反转Alpha：** 可以反转透明区域和不透明区域。

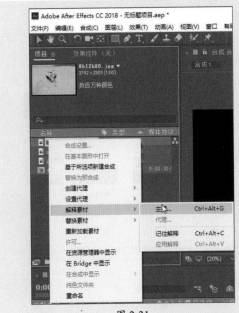

图 2-31

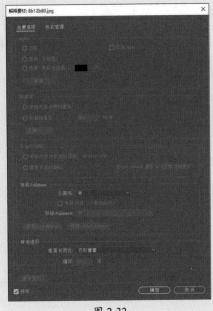

图 2-32

（2）帧速率

帧速率是指每秒从源素材项目对图像进行多少次采样，以及设置关键帧时所依据的时间划分方法等内容。在"帧速率"选项组中主要包括下列两种选项：使用文件中的帧速率和匹配帧速率。

- **使用文件中的帧速率：** 可以使用素材默认的帧速率进行播放。
- **匹配帧速率：** 调整素材的速率。

（3）开始时间码

设置素材的开始时间码。在"开始时间码"选项组中主要包括下列两种选项：使用文件中的源时间码和覆盖开始时间码。

（4）设置场和Pulldown

视频采集过程中，视频采集卡会对视频信号进行交错场处理。对于其他素材则可以选择"高场优先""低场优先"或"关"选项来设置分离场。

（5）设置其他选项

包括像素长宽比、循环以及更多选项设置。

- **像素长宽比：** 主要用于设置像素宽高比。

- **循环**：设置视频循环次数，默认情况下只播放一次。
- **更多选项**：仅在素材为Camera Raw格式时被激活。

2.3.4 代理素材

代理是视频编辑中的重要概念与组成元素，在编辑影片的过程中，为加快渲染显示，提高编辑速度，可以使用一个低质量的素材代替编辑。

占位符是一个静帧图片，以彩条方式显示，其原本的用途是标注丢失的素材文件。占位符可以在以下两种情况下出现。

第一，不小心删除了硬盘的素材文件，"项目"面板中的素材会自动替换为占位符，如图2-33所示。

第二，选择一个素材，单击鼠标右键，在弹出的快捷菜单中选择"替换素材"|"占位符"命令，可以将素材替换为占位符，如图2-34所示。

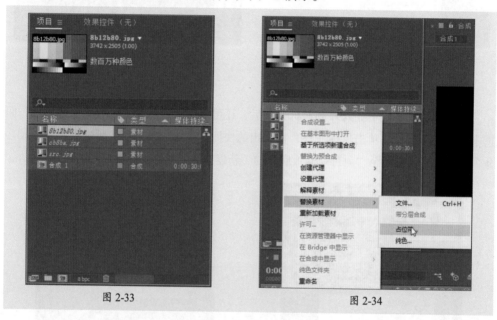

图 2-33　　　　　　　　　　　　　　　　　　　　图 2-34

2.4 认识合成

创建项目文件后还不能进行视频的编辑操作，还要创建一个合成文件，这是After Effects与其他软件不同的地方。合成是影片的框架，包括视频、音频、动画文本、矢量图形等多个图层，合成的作品不仅能够独立工作，还可以作为素材使用。

2.4.1 新建合成

合成一般用来组织素材，在After Effects CC中，用户既可以新建一个空白的合成，

也可以根据素材新建包含素材的合成。

（1）新建空白合成

执行"合成"|"新建合成"命令（见图2-35），或者单击"项目"面板底部的"新建合成"按钮，在弹出的"合成设置"对话框中设置相应选项即可，如图2-36所示。

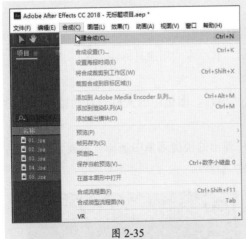

图 2-35

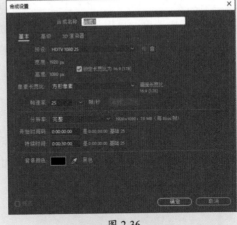

图 2-36

（2）基于单个素材新建合成

当"项目"面板中导入外部素材文件后，还可以通过素材建立合成。在"项目"面板中选中某个素材，单击鼠标右键，在弹出的快捷菜单中选择"基于所选项新建合成"命令，或者将素材拖至"项目"面板底部的"新建合成"按钮，如图2-37和图2-38所示。

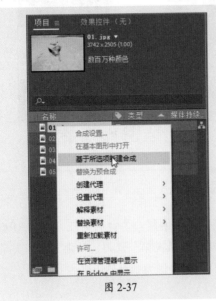

图 2-37

图 2-38

（3）基于多个素材新建合成

在"项目"面板中同时选择多个文件，单击鼠标右键，在弹出的快捷菜单中选择"基

于所选项新建合成"命令（见图2-39），或将多个素材拖至"项目"面板底部的"新建合成"按钮上，系统将弹出"基于所选项新建合成"对话框，如图2-40所示。

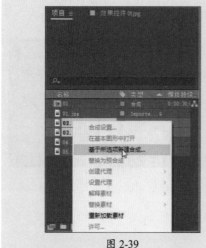

图 2-39   图 2-40

🗨 技巧点拨

如果创建合成后，想要重新修改合成参数，可以选择该合成，执行"合成"|"合成设置"命令，或者按Ctrl+K组合键，即可打开"合成设置"对话框，重新设置参数即可。

2.4.2 "合成"面板

"合成"面板主要是用来显示各个层的效果，不仅可以对层进行移动、旋转、缩放等直观的调整，还可以显示对层使用滤镜等特效。

"合成"面板分为预览窗口和操作区域两大部分，预览窗口主要用于显示图像，而在预览窗口的下方则为包含工具栏的操作区域，如图2-41所示。

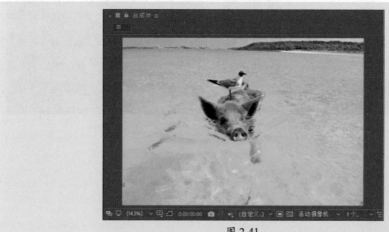

图 2-41

2.4.3 "时间轴"面板

"时间轴"面板是编辑视频特效的主要面板，用来管理素材的位置，并且在制作动画效果时，定义关键帧的参数和相应素材的出入点和延时，如图2-42所示。

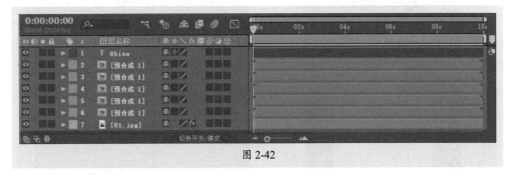

图 2-42

2.4.4 合成嵌套

合成的创建是为了视频动画的制作，而对于效果复杂的视频动画，还可以将合成作为素材，放置在其他合成中，形成视频动画的嵌套合成效果。

（1）嵌套合成的概述

嵌套合成是一个合成包含在另一个合成中，显示为包含的合成中的一个图层。嵌套合成又称为预合成，是由各种素材以及合成组成。

（2）生成嵌套合成

可通过将现有合成添加到其他合成中的方法，来创建嵌套合成。在"时间轴"面板中选择单个或多个图层名称，单击鼠标右键，在弹出的快捷菜单中选择"预合成"命令（见图2-43），在弹出的"预合成"对话框中即可创建嵌套合成，如图2-44所示。

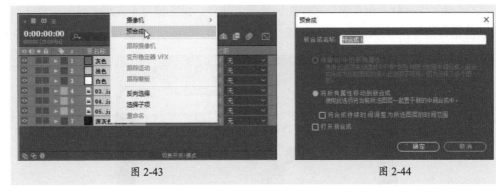

图 2-43   图 2-44

自己练 / 导入PSD格式的素材文件

案例路径 云盘/实例文件/第2章/自己练/导入PSD格式的素材文件

项目背景 在导入如Photoshop的PSD文件或Illustrator的AI文件等含有图层的素材文件时，After Effects CC可以保留这类文件中的图层信息，以便用户进行更进一步的编辑操作，用户可以选择以"素材"或"合成"的方式进行导入。本案例中将会导入一个PSD文件，并对图层素材进行尺寸和位置的调整等操作。

项目要求 ①选择一个PSD文件作为素材进行导入操作。

②调整素材使其适合新的合成。

③合成大小为1920像素×1080像素。

项目分析 新建项目，按照Photoshop序列以"合成"方式导入PSD文件，如图2-45所示。重新设置合成尺寸，调整素材的大小和位置，如图2-46所示。

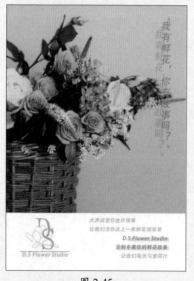

图 2-45

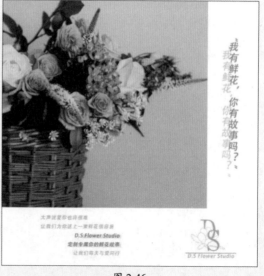

图 2-46

课时安排 1课时。

第 **3** 章

图层应用详解

本章概述

    After Effects中的图层是构成合成的基本元素,既可以存储类似Photoshop图层中的静止图片,又可以存储动态的视频。在本章中,将详细介绍After Effects图层的类型、创建方法、属性设置以及图层的基本操作等内容,为深入学习After Effects基础入门和应用奠定基础。

要点难点

- 图层的分类 ★☆☆
- 图层的创建与编辑 ★★☆
- 图层属性的应用 ★★★
- 图层的混合模式 ★☆☆
- 创建与编辑关键帧 ★★★

跟我学 制作电子相册 ///////////////////////////////////

学习目标 After Effects的"时间轴"面板提供了足够的空间存放图像，通过设置属性参数创建关键帧动画，就可以制作出各种过渡效果。本案例将通过图层的"位置""旋转"等属性结合图层混合模式，制作一个简单的电子相册动画，让读者更好地了解图层的相关知识以及操作和应用。

效果预览

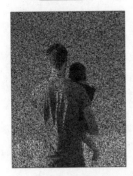 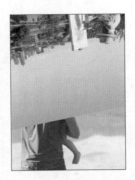 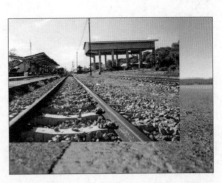

案例路径 云盘/实例文件/第3章/跟我学/制作电子相册

1. 新建合成并导入素材

步骤 01 执行"合成"|"新建合成"命令，如图3-1所示。

步骤 02 在打开的"合成设置"对话框中将预设类型设置为"PLA D1/DV方形像素"，设置"持续时间"为0:00:05:00，设置背景颜色为黑色，如图3-2所示。

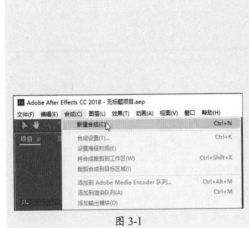

图 3-1

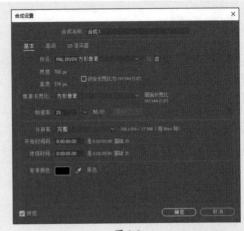

图 3-2

步骤 **03** 执行"文件"|"导入"|"文件"命令，或按Ctrl+I组合键，打开"导入文件"对话框，选择要导入的素材，如图3-3所示。

步骤 **04** 单击"导入"按钮即可将素材导入至"项目"面板，如图3-4所示。

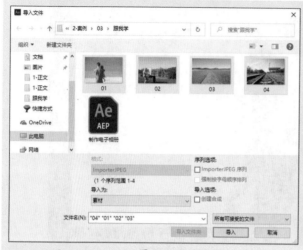

图 3-3

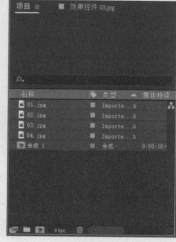

图 3-4

2. 设置关键帧动画

步骤 **01** 将素材01拖入"时间轴"面板，即可在"合成"面板中看到当前的显示效果，如图3-5所示。

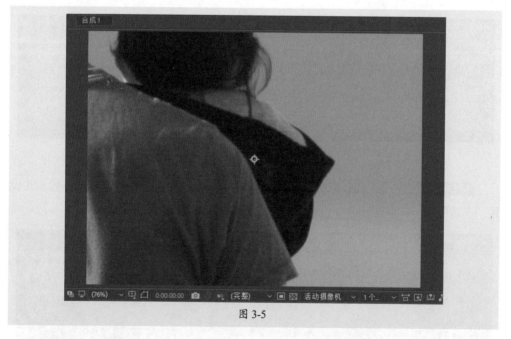

图 3-5

步骤 **02** 选择该图层，按Ctrl+Shift+Alt+G组合键，使图像高度适应"合成"面板，如图3-6所示。

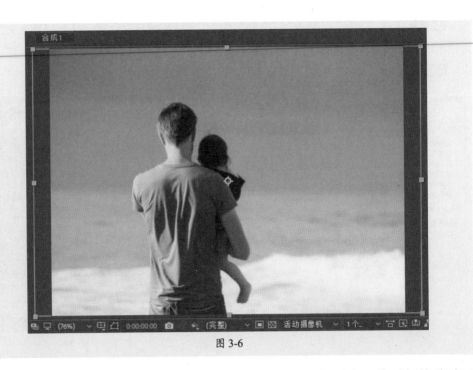

图 3-6

步骤 03 设置图层混合模式为"溶解",打开图层属性列表,将时间线移动至 0:00:00:00处,为"不透明度"属性添加关键帧,并设置"不透明度"参数为0%,如 图3-7所示。

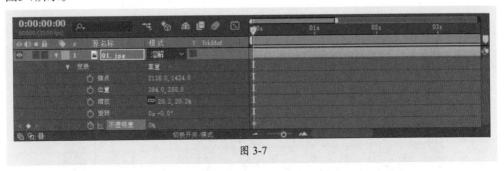

图 3-7

步骤 04 将时间线移动至0:00:01:00处,再次为"不透明度"属性添加关键帧,并设 置"不透明度"参数为100%,如图3-8所示。

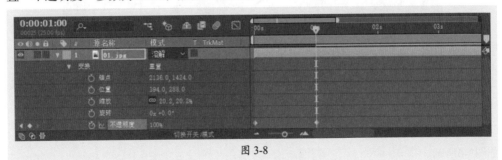

图 3-8

步骤 05 按空格键播放动画，即可预览到图像逐渐显示的效果，如图3-9所示。

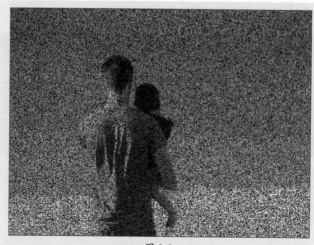

图 3-9

步骤 06 将素材02拖入"时间轴"面板，置于素材01上方，将时间线移动至0:00:01:05处，然后按Alt+[组合键重新定义图层的起始点，如图3-10所示。

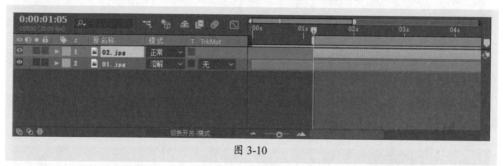

图 3-10

步骤 07 按Ctrl+Shift+Alt+G组合键，使图像高度适应"合成"面板，如图3-11所示。

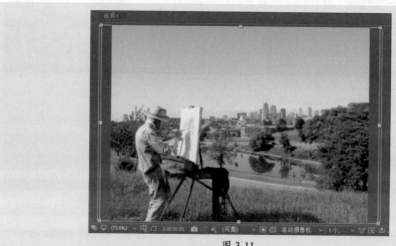

图 3-11

步骤 08 保持时间线在0:00:01:05位置，展开图层属性列表，为"位置"属性和"旋转"属性添加关键帧，并分别设置参数，如图3-12所示。

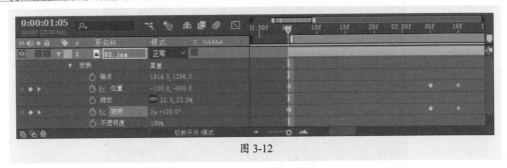

图 3-12

步骤 09 移动时间线到0:00:02:05处，再次为"位置"属性和"旋转"属性添加关键帧，并分别设置参数，如图3-13所示。

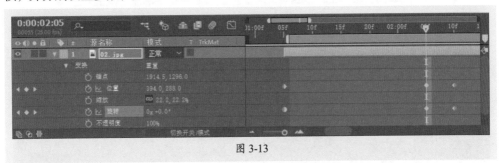

图 3-13

步骤 10 移动时间线到0:00:02:10处，继续为"位置"属性和"旋转"属性添加关键帧，这里保持参数不变，如图3-14所示。

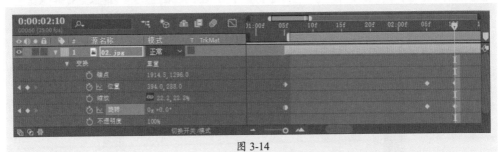

图 3-14

知识链接　　在"时间轴"面板中可以同时为不同的属性创建多个关键帧，一个属性中的最后一个关键帧后的片段属性相同，如果要创建不同参数的关键帧，可以在新的时间点位置修改参数，系统可以自动创建关键帧；如果要创建相同参数的关键帧，可以在新的时间点单击"添加或移除关键帧"按钮创建新的关键帧，也可以复制前面的关键帧，粘贴到新的时间点。

步骤 11 按空格键播放动画，可以预览到图像旋转飞入的效果，如图3-15所示。

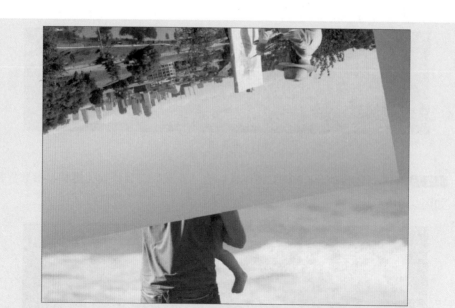

图 3-15

步骤 **12** 将素材03拖至"时间轴"面板，按Alt+[组合键定义图层的起始点在0:00:02:10位置，如图3-16所示。

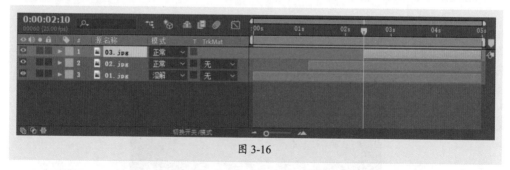

图 3-16

步骤 **13** 展开图层属性列表，在0:00:02:10位置为"缩放"属性添加关键帧，并设置"缩放"值为0%，如图3-17所示。

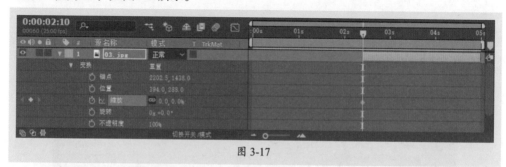

图 3-17

步骤 **14** 将时间线移动至0:00:03:10位置，再次为"缩放"属性添加关键帧，设置"缩放"值为20%，如图3-18所示。

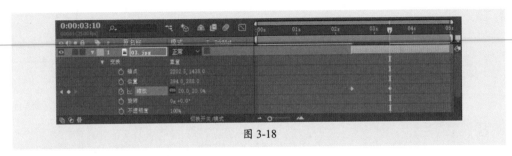

图 3-18

步骤 15 将时间线移动至0:00:03:15位置，为"缩放"参数添加关键帧，参数保持不变，如图3-19所示。

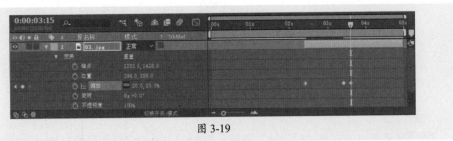

图 3-19

步骤 16 按空格键播放动画，即可预览到图像放大的效果，如图3-20所示。

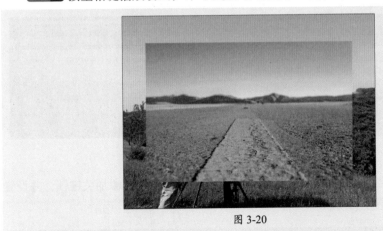

图 3-20

步骤 17 将素材04拖至"时间轴"面板，调整图层起始点在0:00:03:15位置，如图3-21所示。

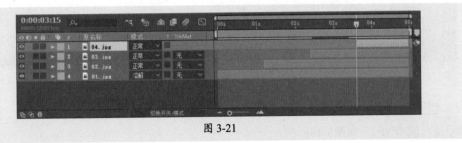

图 3-21

步骤 18 按Ctrl+Shift+Alt+G组合键使图层高度适应"合成"面板，如图3-22所示。

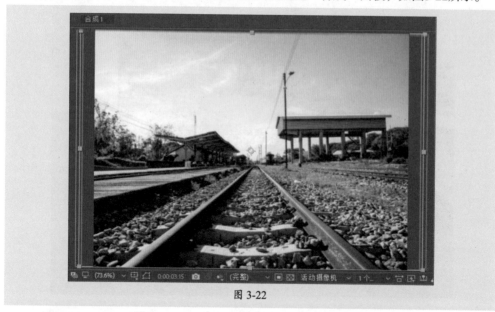

图 3-22

步骤 19 打开图层属性列表，在0:00:03:15位置为"位置"属性添加关键帧，并设置"位置"参数，如图3-23所示。

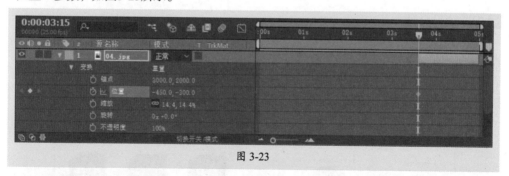

图 3-23

步骤 20 将时间线移动至0:00:04:15处，为"位置"属性添加第二个关键帧，设置"位置"参数，如图3-24所示。

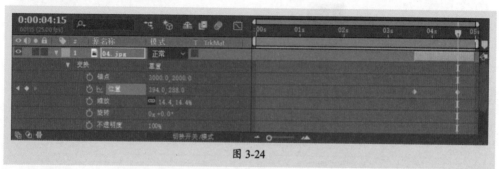

图 3-24

步骤 21 按空格键播放动画，即可预览到图像从一角飞入的效果，如图3-25所示。

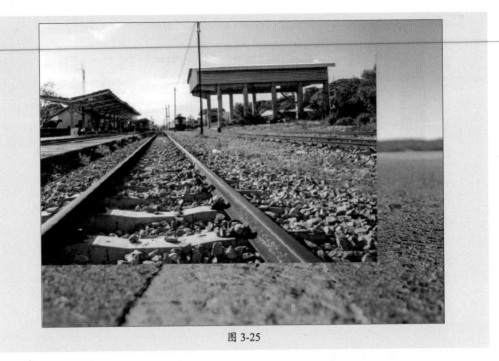

图 3-25

步骤 22 至此完成电子相册的制作,按空格键即可从头开始预览效果。

3. 保存项目文件

执行"文件"|"保存"命令,在打开的"另存为"对话框中设置文件名和存储路径,单击"保存"按钮即可保存项目文件,如图3-26所示。

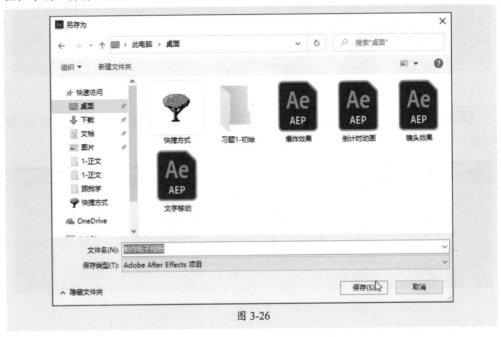

图 3-26

3.1 图层分类

After Effects中的图层与Photoshop中的图层原理相同，将素材导入合成中，素材会以合成中一个图层的形式存在，将多个图层进行叠加制作，以便得到最终的合成效果。

After Effects除了可以导入视频、音频、图像、序列等素材外，还可以创建不同类型的图层，这些图层包括文本、纯色、灯光、摄像机等。

（1）素材图层

素材图层是将图像、视频、音频等素材从外部导入到After Effects中，然后添加到"时间轴"面板中形成的图层，用户可以对其执行移动、缩放、旋转等操作，如图3-27所示。

（2）文本图层

使用文本图层可以快速地创建文字，并对文本图层制作文字动画，还可以进行移动、缩放、旋转及透明度的调节，如图3-28所示。

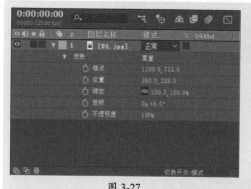

图 3-27

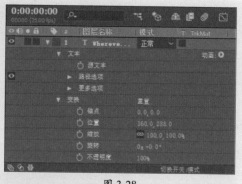

图 3-28

（3）纯色图层

纯色图层是具有固态颜色的层，也称为固态层，用户可以创建任何颜色和尺寸（最大尺寸可达30000像素×30000像素）的纯色图层，图层名称会自动以图层颜色命名，制作各种各样的特效时都需要用到它，如图3-29所示。

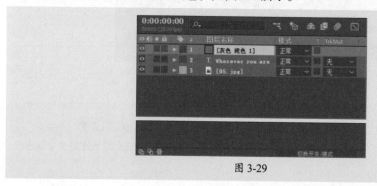

图 3-29

知识链接

创建纯色图层会打开“纯色设置”对话框，在该对话框中可以设置图层大小、颜色等，如图3-30所示。对于已创建的纯色图层也可以通过该对话框进行再次设置。

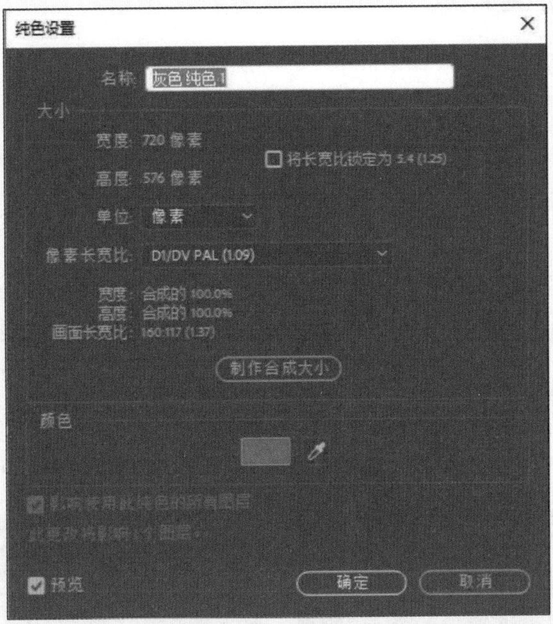

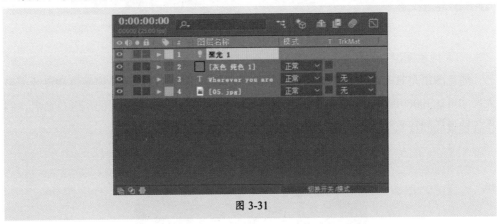

图 3-30

（4）灯光图层

灯光图层主要用来添加各种光影效果，而且可以模拟出真实的阴影效果，且只有在3D效果下才能使用，如图3-31所示。

图 3-31

知识链接

创建灯光图层会打开“灯光设置”对话框，在该对话框中可以设置灯光类型、颜色、强度、角度、羽化、衰减等效果，如图3-32所示。对于已创建的灯光图层也可以通过该对话框进行再次设置。

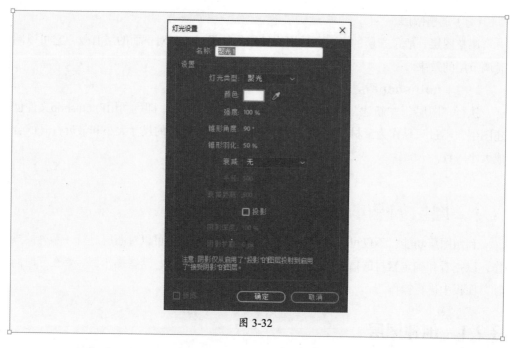

图 3-32

（5）摄像机图层

摄像机图层主要起到固定视角的作用，并且可以制作摄像机动画，模拟真实的摄像机游离效果。在创建摄像机图层之前，系统会弹出"摄像机设置"对话框，用户可以设置摄像机的名称、焦距等参数，如图3-33所示。在"图层"面板中也可以对摄像机参数进行设置，如图3-34所示。

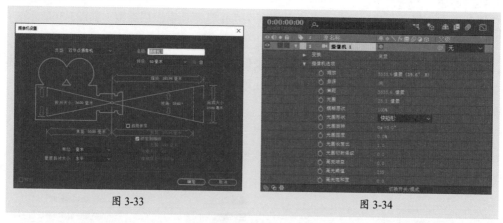

图 3-33   图 3-34

（6）空对象图层

空对象图层是虚拟层，在该层上增加特效是不会被显示的，经常用来制作父子链接和配合表达式等。

（7）形状图层

形状图层可以使用工具栏上的形状工具或者钢笔工具进行创建。

（8）调整图层

调整图层一般位于层的最上方，当为其添加效果时，只对下面的层有效，它可以同时调节层的效果。

（9）Photoshop图层

执行"图层"|"新建"|"Adobe Photoshop文件"命令，即可利用Photoshop文件创建图层，不过只是作为素材显示在"项目"面板中，其文件的尺寸大小和最近打开的合成大小一致。

3.2　图层的基本操作

利用图层功能，不仅可以放置各种类型的素材对象，还可以对图层进行一系列的操作，以查看和确定素材的播放时间、播放顺序和编辑情况等，这些操作都需要在"时间轴"面板中进行操作。

3.2.1　创建图层

在After Effects中进行合成操作时，导入合成图像的素材都会以层的形式出现。当制作一个复杂效果时，往往会应用到大量的层，下面分别介绍几种创建图层的方法。

（1）创建新图层

执行"图层"|"新建"命令，在其级联菜单中选择需要创建的图层类型，即可创建相应的图层，如图3-35所示。或者在"时间轴"面板的空白处单击鼠标右键，在弹出的快捷菜单中选择"新建"命令，并在其级联菜单中选择所需图层类型，如图3-36所示。

（2）根据导入的素材创建图层

用户可以根据"项目"面板中的素材来创建图层。在"项目"面板中右键单击素材文件，在弹出的快捷菜单中选择"基于所选项新建合成"命令即可创建一个新的图层，如图3-37所示。

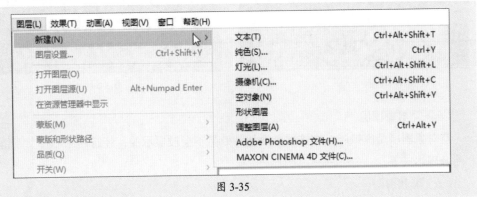

图 3-35

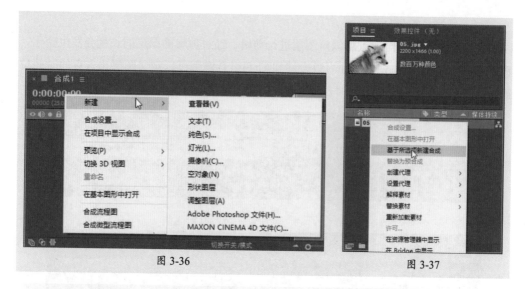

图 3-36　　　　　　　　　　　　　　　　图 3-37

💬 **技巧点拨**

将素材放置到"时间轴"面板中有多种方式。

● 将"项目"面板中的素材直接拖曳至"时间轴"面板。

● 将"项目"面板中的素材直接拖曳至"合成"面板。

● 在"项目"面板中选中素材，按Ctrl+/组合键。

3.2.2　选择图层

在对素材进行编辑之前，需要先将其选中。在After Effects中，用户可以通过多种方法选择图层。

● 在"时间轴"面板中单击选择图层。

● 在"合成"面板中单击想要选中的素材，在"时间轴"面板中可以看到其对应的图层已被选中。

● 在键盘右侧的数字键盘中按图层对应的数字键，即可选中相对应的图层。

另外，用户可以通过以下方法选择多个图层。

● 在"时间轴"面板的空白处按住鼠标左键并拖动，框选图层。

● 按住Ctrl键的同时，依次单击图层即可加选这些图层。

● 单击起始图层，按住Shift键的同时再单击结束图层，即可选中起始图层和结束图层及其之间的所有图层。

3.2.3　编辑图层

完成创建图层后，用户还可以对图层进行一些编辑操作，如剪辑或扩展图层、提取工作区域和提升工作区域等。

（1）剪辑或扩展图层

　　直接拖曳图层的出入点可以对图层进行剪辑，经过剪辑的图层的长度会发生变化。直接拖动时间指示器或是按Alt+[组合键和Alt+]组合键都可以定义图层出入点的时间位置。如图3-38和图3-39所示分别为剪辑前后的图层效果。

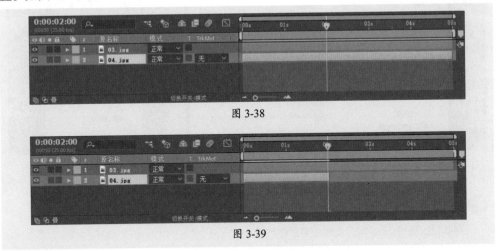

图 3-38

图 3-39

💬 **技巧点拨**

　　也可以将时间指示器拖曳到需要定义图层出入点的时间位置上来对图层进行剪辑。

　　图像图层或纯色图层可以随意剪辑或扩展，视频图层和音频图层可以剪辑，但不能直接扩展。

（2）提升工作区域

　　如果需要将图层的一段素材删除，并保留该删除区域素材所占用的时间，可以使用"提升工作区域"命令。选择要编辑的图层，调整工作区域的开头和结尾，再执行"编辑"|"提升工作区域"命令即可。如图3-40和图3-41所示为编辑前后的图层效果。

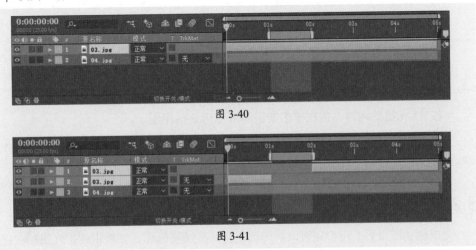

图 3-40

图 3-41

（3）提取工作区域

使用"提取工作区域"命令可以移除工作区域内的素材，工作区域外的素材片段会自动衔接到前段的结尾，且会自动创建一个新的图层，如图3-42所示。

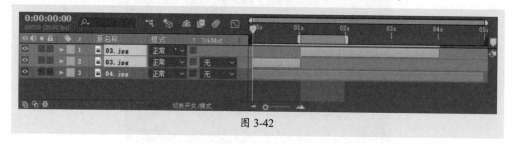

图 3-42

（4）拆分图层

通过"时间轴"面板，可以将一个图层在指定的时间处拆分为多段独立的图层，以方便用户在图层中进行不同的处理。选择需要拆分的图层，将时间线移动至需要拆分的时间点，执行"编辑"|"拆分图层"命令，即可对所选图层进行拆分，如图3-43和图3-44所示。

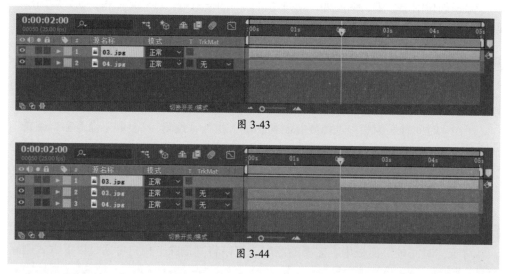

图 3-43

图 3-44

💬 技巧点拨

在"时间轴"面板中选择图层，上下拖曳到合适的位置，可以改变图层的顺序。拖曳时注意观察灰色水平线的位置。

（5）时间伸缩

对于音频图层和视频图层，可以通过拉伸时间轴的方式加快或减慢其进度。选择音频或视频图层，执行"图层"|"时间"|"时间伸缩"命令，打开"时间伸缩"对话框，如图3-45所示。在该对话框中可以设置拉伸因数以及新的时间等。

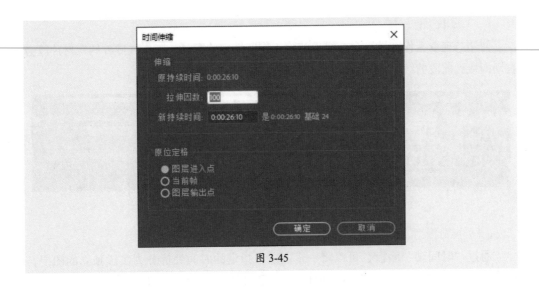

图 3-45

3.2.4 管理图层

除了创建图层、编辑图层外，用户还可以对图层进行一些管理操作，如复制图层、删除图层、重命名图层等。

1. 复制图层

在项目制作过程中，经常会遇到需要复制图层的时候，用户可以通过以下方式复制图层。

- 在"时间轴"面板中选择要复制的图层，执行"编辑"|"复制"命令和"编辑"|"粘贴"命令即可复制图层。
- 选择要复制的图层，分别按Ctrl+C组合键和Ctrl+V组合键，即可复制图层。
- 选择要复制的图层，按Ctrl+D组合键即可创建图层副本。

2. 删除图层

对于"时间轴"面板中不需要的图层，可以将其删除。用户可通过以下方式删除图层。

- 在"时间轴"面板中选择需要删除的图层，按Delete键可以快速删除选中的图层。
- 选择需要删除的图层，按Backspace键删除。
- 选择需要删除的图层，执行"编辑清除"命令即可将图层删除。

3. 重命名图层

对于素材量比较庞大的项目文件，用户可以对图层名称进行重命名，这样在查找素材时就会一目了然。操作方法包括以下几种。

- 选择图层，然后按回车键，此时图层名称会进入编辑状态，输入新的图层名即

可，如图3-46所示。

● 选择图层，单击鼠标右键，在弹出的快捷菜单中选择"重命名"命令。

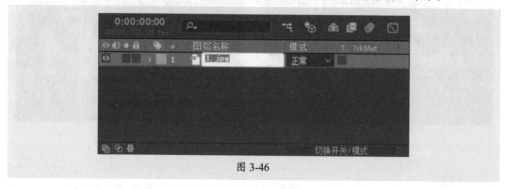

图 3-46

4. 排序图层

对于"时间轴"面板中的图层对象，用户可以随意调整其顺序。选择要调整的图层，执行"图层"|"排列"命令，在其级联菜单中可以选择合适的操作命令，如"将图层置于顶层""使图层前移一层""使图层后移一层""将图层置于底层"。

3.3 图层属性

图层属性在制作动画特效时起着非常重要的作用。除了单独的音频图层以外，其余所有图层都具有5个基本属性，分别是锚点、位置、缩放、旋转和不透明度。在"时间轴"面板中单击这些按钮，即可编辑图层属性，如图3-47所示。

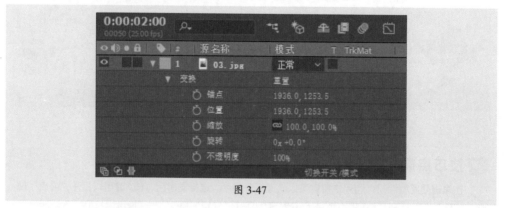

图 3-47

3.3.1 锚点属性

锚点是图层的轴心点，控制图层的旋转或移动，默认情况下锚点在图层的中心，用户除了可以在"时间轴"面板中进行精确的调整，还可以使用相应的工具在"合成"面板中手动调整。设置素材不同锚点参数的对比效果如图3-48和图3-49所示。

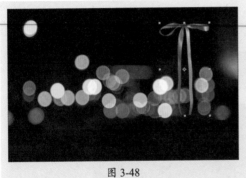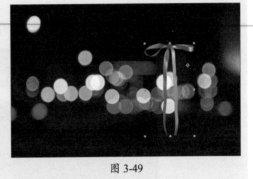

图 3-48   图 3-49

知识链接   在调整锚点参数时，随着参数变化移动的是素材，锚点位置并不会发生任何变化。

3.3.2　位置属性

位置属性可以控制图层对象的位置坐标，主要用来制作图层的位移动画，普通的二维图层包括x轴和y轴两个参数，三维图层则包括x轴、y轴和z轴三个参数。设置素材不同位置参数的对比效果如图3-50和图3-51所示。

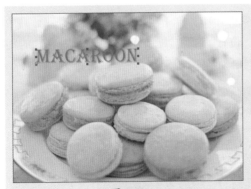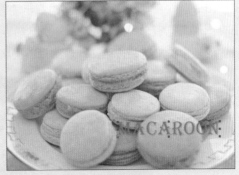

图 3-50   图 3-51

💬 技巧点拨

在编辑图层属性时，利用快捷键可以快速打开属性。选择图层后，按A键可以打开"锚点"属性，按P键可以打开"位置"属性，按R键可以打开"旋转"属性，按T键可以打开"不透明度"属性。

3.3.3　缩放属性

缩放属性可以以锚点为基准来改变图层的大小。设置素材不同缩放参数的效果如图3-52和图3-53所示。

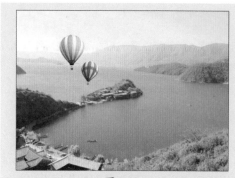
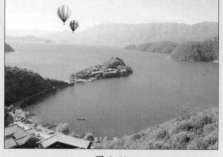

图 3-52   图 3-53

3.3.4 旋转属性

图层的旋转属性不仅提供了用于定义图层对象角度的旋转角度参数，还提供了用于制作旋转动画效果的旋转圈数参数。设置素材不同旋转参数的效果如图3-54和图3-55所示。

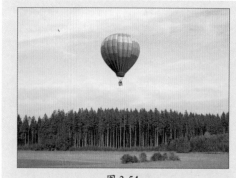
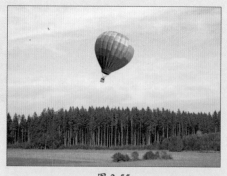

图 3-54   图 3-55

3.3.5 不透明度属性

通过设置不透明度属性，可以设置图层的透明效果，可以透过上面的图层查看到下面图层对象的状态。设置素材不同透明度参数的效果如图3-56和图3-57所示。

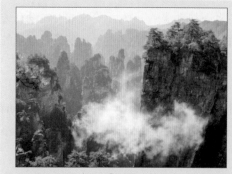
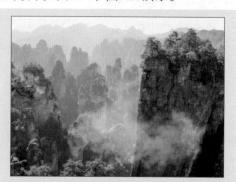

图 3-56   图 3-57

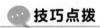 **技巧点拨**

　　一般情况下，每一个图层属性的快捷键只能显示一种属性。如果想要一次显示两种或两种以上的图层属性，可以在显示一个图层属性的前提下按住Shift键，然后再按其他图层属性的快捷键，这样就可以显示出多个图层的属性。

3.4　图层的混合模式

　　After Effects提供了丰富的图层混合模式，用来定义当前图层与底图的作用模式。所谓图层混合就是将一个图层与其下面的图层发生叠加，以产生特殊的效果。

　　执行"图层"|"混合模式"命令，或者直接在"时间轴"面板中单击"模式"下拉按钮，即可看到混合模式列表，After Effects CC提供了38种混合模式，如图3-58所示。

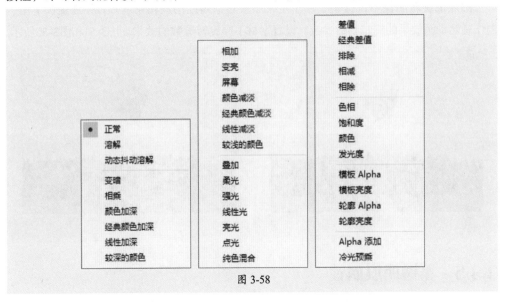

图 3-58

3.4.1　普通模式

　　普通模式组中包括了"正常""溶解"和"动态抖动溶解"3种混合模式。在没有透明度影响的前提下，这种类型的混合模式产生的最终效果的颜色不会受底层像素颜色的影响。

（1）正常

　　正常模式是After Effects的默认模式。当图层的不透明度为100%时，合成根据Alpha通道正常显示当前图层，并且不受其他图层的影响，如图3-59所示；当图层不透明度小于100%时，当前图层的每个像素点的颜色将受到其他图层的影响，如图3-60所示。

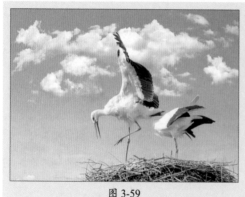
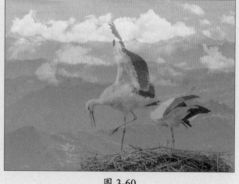

图 3-59   图 3-60

（2）溶解

溶解模式是在图层有羽化边缘或不透明度小于100%时才起作用。设置不同不透明度参数的效果如图3-61和图3-62所示。

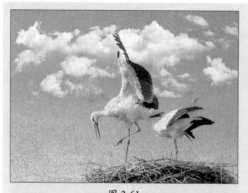
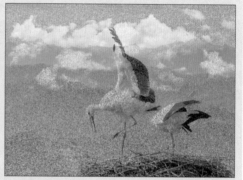

图 3-61   图 3-62

（3）动态抖动溶解模式

动态抖动溶解模式和溶解模式的原理相似，只是动态抖动溶解模式可随时更新随机值。

3.4.2 变暗模式

变暗模式组中包括"变暗""相乘""颜色加深""经典颜色加深""线性加深"和"较深的颜色"6种模式，可以使图像的整体颜色变暗。

（1）变暗

变暗模式是通过比较源图层的颜色亮度来保留较暗的颜色部分，效果如图3-63所示。

（2）相乘

相乘模式模拟在纸上用多个记号笔绘图或将多个彩色透明滤光板置于光照前面。在与除黑色或白色之外的颜色混合时，具有此混合模式的每个图层或画笔将生成深色，效果如图3-64所示。

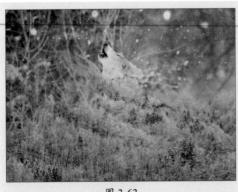

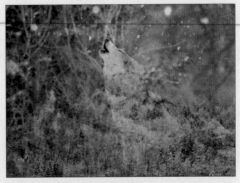

图 3-63　　　　　　　　　　　　　　　图 3-64

（3）颜色加深

颜色加深模式是通过增加对比度来使颜色变暗，以反映叠加色，效果如图3-65所示。

（4）经典颜色加深

该混合模式就是老版本中的"颜色加深"模式，为了让旧版的文件在新版软件中打开时保持原始状态，因此保留了这个旧版模式，并被命名为"经典颜色加深"。

（5）线性加深

线性加深模式是比较基色和叠加色的颜色信息，通过降低基色的亮度来反映叠加色，效果如图3-66所示。

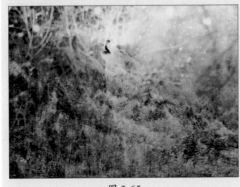

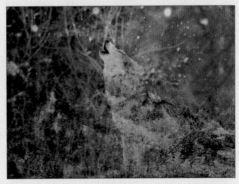

图 3-65　　　　　　　　　　　　　　　图 3-66

（6）较深的颜色

每个结果色像素是源颜色值和相应的基础颜色值中的较深颜色。"较深的颜色"混合效果类似于"变暗"，但是不对各个颜色通道执行操作。

3.4.3　变亮模式

变亮模式组中包括"相加""变亮""屏幕""颜色减淡""经典颜色减淡""线性减淡"和"较浅的颜色"7种模式，这种混合模式可以使图像的整体颜色变亮。

（1）相加

该混合模式将会比较混合色和基色的所有通道值的总和，并显示通道值较小的颜色，效果如图3-67所示。"相加"混合模式不会产生第3种颜色，因为它是从基色和混合色中选择通道最小的颜色来创建结果色的。

（2）变亮

变亮模式与变暗模式效果相反，它可以查看每个通道中的颜色信息，并选择基色和叠加色中较亮的颜色作为结果色，效果如图3-68所示。

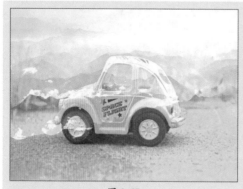
图 3-67

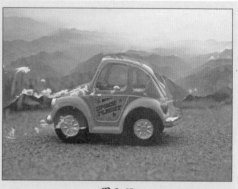
图 3-68

（3）屏幕

屏幕模式是一种加强混合模式，可以将叠加色的互补色与基色相乘，以得到更亮的效果，效果如图3-69所示。

（4）颜色减淡

颜色减淡模式是通过减小对比度来使颜色变亮，以反映叠加色，效果如图3-70所示。

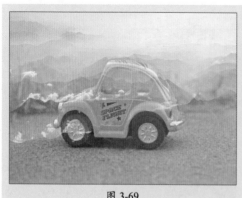
图 3-69

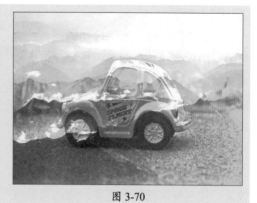
图 3-70

（5）经典颜色减淡

"经典颜色减淡"就是老版本中的"颜色减淡"模式，是通过减小对比度来使颜色变亮，以反映叠加色，其效果优于颜色减淡模式。

（6）线性减淡

线性减淡模式可以查看每个通道的颜色信息，并通过增加亮度来使基色变亮，以反映叠加色，效果如图3-71所示。

（7）较浅的颜色

"较浅的颜色"模式与"变亮"模式相似，略有区别的是该模式不对单独的颜色通道起作用，效果如图3-72所示。

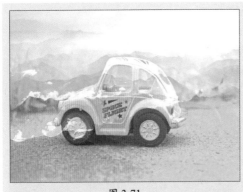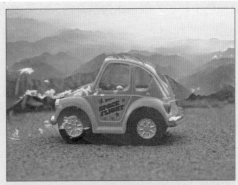

图 3-71　　　　　　　　　　　　图 3-72

3.4.4　相交模式

相交模式组中的混合模式在进行混合时50%的灰色会完全消失，任何高于50%的区域都可能加亮下方的图像，而低于50%灰色区域都可能使下方图像变暗，该模式组包括"叠加""柔光""强光""线性光""亮光""点光"和"纯色混合"7种混合模式。使用这些混合模式时，需要比较当前图层的颜色和底层的颜色亮度是否低于50%的灰度。

（1）叠加

该混合模式可以根据底层的颜色，将当前层的像素相乘或覆盖。该模式可以导致当前层变亮或变暗。该模式对于中间色调影响较明显，对于高亮度区域和暗调区域影响不大，效果如图3-73所示。

（2）柔光

该混合模式可以创造一种光线照射的效果，使亮度区域变得更亮，暗调区域将变得更暗，效果如图3-74所示。

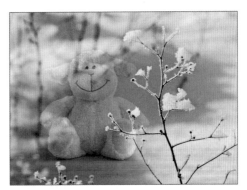

图 3-73

（3）强光

当使用强光模式时，当前图层中比50%灰色亮的像素会使图像变亮，比50%灰色暗的像素会使图像变暗，效果如图3-75所示。

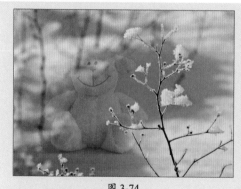

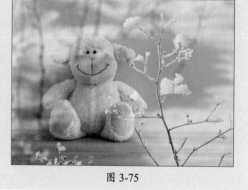

图 3-74

图 3-75

（4）线性光

　　该混合模式可以通过减小或增加亮度来加深或减淡颜色，具体效果取决于混合色。如果混合色比50%灰度亮，则会通过增加亮度使图像变亮；如果混合色比50%灰度暗，则会通过减小亮度使图像变暗，效果如图3-76所示。

（5）亮光

　　该混合模式可以通过减小或增加对比度来加深或减淡颜色，具体效果取决于混合色。如果混合色比50%灰度亮，则会通过增加对比度使图像变亮；如果混合色比50%灰度暗，则会通过减小对比度使图像变暗，效果如图3-77所示。

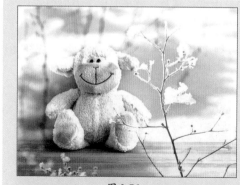

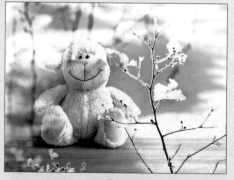

图 3-76

图 3-77

（6）点光

　　该混合模式可以根据混合色替换颜色。如果混合色比50%灰色亮，则会替换比混合色暗的像素，而不改变比混合色亮的像素；如果混合色比50%灰色暗，则会替换比混合色亮的像素，而比混合色暗的像素保持不变，效果如图3-78所示。

（7）纯色混合

　　当使用该模式时，通常会使图像产生色调分离的效果。如果当前图层中的像素比50%灰色亮，会使底层图像变亮；如果当前图层中的像素比50%灰色暗，则会使底层图像变暗，效果如图3-79所示。

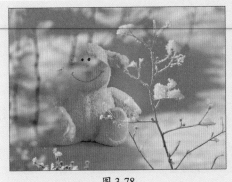

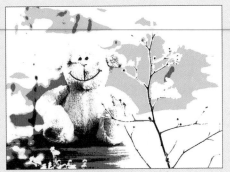

图 3-78 图 3-79

3.4.5 反差模式

反差模式组中包括"差值""经典差值""排除""相减"和"相除"5种混合模式。
这种类型的混合模式都是基于当前图层和底层的颜色值来产生差异效果的。

（1）差值

差值模式可以从基色中减去叠加色或从叠加色中减去基色，具体情况要取决于哪个
颜色的亮度值更高，效果如图3-80所示。

（2）经典差值

该模式可以从基色中减去叠加色或从叠加色中减去基色，效果要优于差值模式。

（3）排除

排除模式与差值模式相似，但是该模式可以创建出对比度更低的叠加效果，如图3-81
所示。

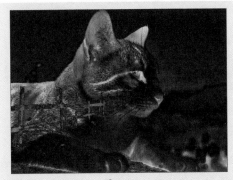

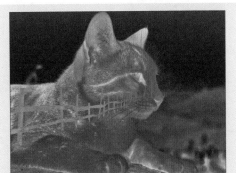

图 3-80 图 3-81

💬 技巧点拨

如果要对齐两个图层中的相同视觉元素，则将一个图层放置在另一个图层上面，并将顶端图层
的混合模式设置为"差值"。然后，移动一个图层或另一个图层，直到要排列的视觉元素的像素都
是黑色，这意味着像素之间的差值是零，而且一个元素完全堆积在另一个元素上面。

（4）相减

该模式从基础颜色中减去源颜色。如果源颜色是黑色，则结果颜色是基础颜色。在32-bpc项目中，结果颜色值可以小于0，如图3-82所示。

（5）相除

基础颜色除以源颜色。如果源颜色是白色，则结果颜色是基础颜色。在32-bpc项目中，结果颜色值可以大于1.0，如图3-83所示。

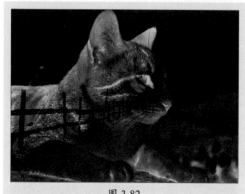 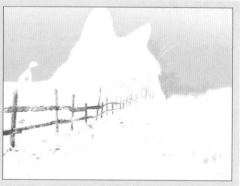

图 3-82   图 3-83

3.4.6　色彩模式

色彩模式组中包括"色相""饱和度""颜色"以及"发光度"4种混合模式。这种类型的混合模式会改变底层颜色的一个或多个色相、饱和度和明亮度。

（1）色相

色相模式可以将当前图层的色相应用到底层图像的亮度和饱和度中，可以改变底层图像的色相，但不会影响其亮度和饱和度，效果如图3-84所示。

（2）饱和度

饱和度模式可以将当前图层的饱和度应用到底层图像的亮度和色相中，可以改变底层图像的饱和度，但不会影响其亮度和色相，效果如图3-85所示。

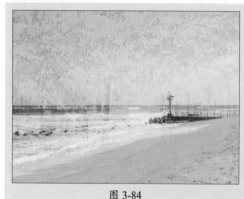 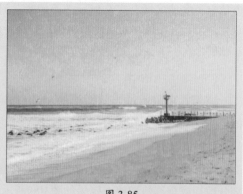

图 3-84   图 3-85

（3）颜色

颜色模式可以将当前图层的色相与饱和度应用到底层图像中，但保持底层图像的亮度不变，效果如图3-86所示。

（4）发光度

当选中该混合模式后，将用基色的明亮度以及混合色的色相和饱和度创建结果色，这样可以保留图像中的灰阶，并且对于给单色图像上色或给彩色图像着色都非常有用，效果如图3-87所示。

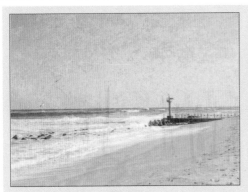
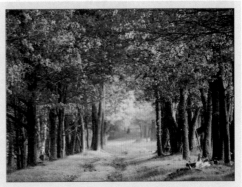

图 3-86   图 3-87

3.4.7　蒙版模式

蒙版模式组中包括"模板Alpha""模板亮度""轮廓Alpha"以及"轮廓亮度"4种混合模式。这种类型的混合模式可以将当前图层转化为底层的一个遮罩。

（1）模板Alpha

当选中该混合模式时，将依据上层的Alpha通道显示以下所有层的图像，相当于依据上面层的Alpha通道进行剪影处理。

（2）模板亮度

选中该混合模式时，将依据上层图像的明度信息来决定以下所有层的图像的不透明度信息，亮的区域会完全显示下面的所有图层；黑暗的区域和没有像素的区域则完全不显示以下所有图层；灰色区域将依据其灰度值决定以下图层的不透明程度，效果如图3-88所示。

（3）轮廓Alpha

该模式可以通过当前图层的Alpha通道来影响底层图像，使受影响的区域被剪切掉，与模板Alpha模式正好相反。

（4）轮廓亮度

轮廓亮度模式可以通过当前图层上的像素亮度来影响底层图像，使受影响的像素被部分剪切或全部剪切掉，效果如图3-89所示。

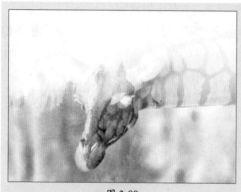

图 3-88

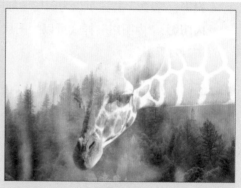

图 3-89

3.4.8 共享模式

共享模式组中包括"Alpha添加"和"冷光预乘"两种混合模式。这种类型的混合模式可以使底层与当前图层的Alpha通道或透明区域产生相互作用。

（1）"Alpha添加"模式

"Alpha添加"模式可以使当前图层的Alpha通道共同建立一个无痕迹的透明区域。

知识链接

在图层边对边对齐时，图层之间有时会出现接缝，尤其是在边缘处相互连接以生成3D对象的3D图层的问题。在图层边缘消除锯齿时，边缘具有部分透明度。当两个50%透明区域重叠时，结果不是100%不透明，而是75%不透明，因为默认操作是乘法。

但是，在某些情况下不需要此默认混合。如果需要两个50%不透明区域组合以进行无缝不透明连接时，需要添加Alpha值，在这种情况下，可使用"Alpha添加"混合模式。

（2）"冷光预乘"模式

"冷光预乘"模式可以使当前图层的透明区域像素与底层相互产生作用，可以使边缘产生透镜和光亮的效果。

3.5 图层样式

After Effects CC中的图层样式与Photoshop相似，能够快速地制作出发光、投影、描边等效果，是提升作品品质的重要手段之一。

执行"图层"|"图层样式"命令，在级联菜单中可以看到图层样式列表，After Effects CC提供了投影、内阴影、外发光、内发光、斜面和浮雕、光泽、颜色叠加、渐变叠加、描边共9种图层样式，如图3-90所示。

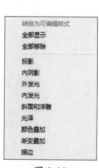

图 3-90

● **投影**："投影"样式可以为图层增加阴影效果，如图3-91所示。

● **内阴影**："内阴影"样式可以为图层内部添加阴影效果，从而呈现出立体感，如图3-92所示。

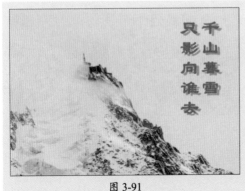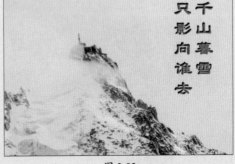

图 3-91   图 3-92

● **外发光**："外发光"样式可以产生图层外部的发光效果，如图3-93所示。

● **内发光**："内发光"样式可以产生图层内部的发光效果，如图3-94所示。

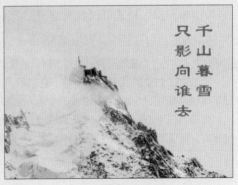

图 3-93   图 3-94

● **斜面和浮雕**："斜面和浮雕"样式可以模拟冲压状态，为图层制作出浮雕效果，增加图层的立体感，如图3-95所示。

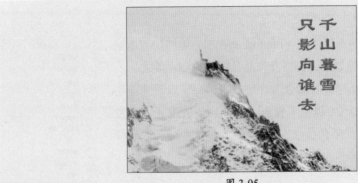

图 3-95

- **光泽**："光泽"样式可以使图层表面产生光滑的磨光或金属质感效果，如图3-96所示。
- **颜色叠加**："颜色叠加"样式可以在图层上方叠加新的颜色，如图3-97所示为设置了"颜色叠加"混合模式的样式效果。

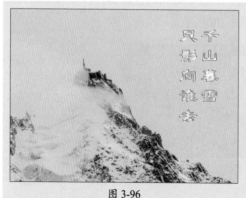
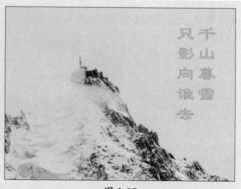

图 3-96 图 3-97

- **渐变叠加**："渐变叠加"样式可以在图层上方叠加渐变颜色，如图3-98所示。
- **描边**："描边"样式可以使用颜色为当前图层的轮廓添加像素，从而使图层轮廓更加清晰，如图3-99所示为图层添加了黑色描边的效果。

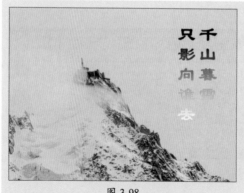
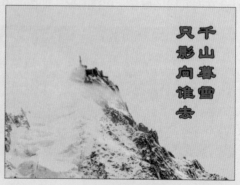

图 3-98 图 3-99

3.6 关键帧

　　"帧"是指动画中的单幅影像画面，是最小的计量单位，相当于电影胶片中的每一格镜头。关键帧是指动画中关键的时刻，至少有两个关键时刻，才能构成动画。用户可以通过设置动作、效果、音频及多种其他属性参数使画面形成连贯的动画效果。

　　在After Effects CC中，用户可以为图层添加关键帧，从而产生位移、缩放、旋转、透明度变化等动画效果。

3.6.1 创建关键帧

关键帧的创建是在"时间轴"面板中进行的，创建关键帧就是对图层的属性值设置动画。在"时间轴"面板中，每个图层都有自己的属性，展开属性列表后会发现，每个属性左侧都会有一个"时间变化秒表"图标 ，它是关键帧的控制器，控制着记录关键帧的变化，也是设定动画关键帧的关键，如图3-100所示。

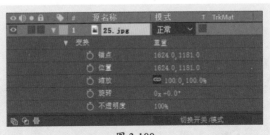

图 3-100

单击"时间变化秒表"图标 ，即可激活关键帧，从这时开始，无论是修改属性参数，还是在"合成"面板中修改图像对象，都会被记录成关键帧。再次单击"时间变化秒表"图标 ，会移除所有关键帧。

单击属性左侧的"在当前时间添加或移除关键帧"按钮 ，可以添加新的关键帧。且会在时间线区域显示成 图标，如图3-101所示。

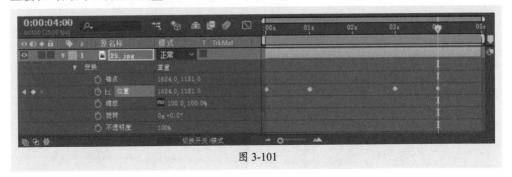

图 3-101

3.6.2 编辑关键帧

创建关键帧后，用户可以根据需要对其进行选择、移动、复制、删除等编辑操作。

1. 选择关键帧

如果要选择关键帧，直接在"时间轴"面板中单击关键帧图标即可。如果要选择多个关键帧，按住Shift键的同时框选或者单击多个关键帧即可。

2. 复制关键帧

如果要复制关键帧，可以选择要复制的关键帧，执行"编辑"|"复制"命令，将时间线移动至需要被复制的位置，再执行"编辑"|"粘贴"命令即可。也可利用Ctrl+C组

合键和Ctrl+V组合键来进行复制、粘贴操作。

3. 移动关键帧

单击并按住关键帧，拖动鼠标即可移动关键帧。

4. 删除关键帧

选择关键帧，执行"编辑"|"清除"命令即可将其删除。也可直接按Delete键删除。

3.7 预合成

如果要对合成中的图层进行分组，可以按组将其预合成。预合成图层会将这些图层放置在新的合成中，并替换原始合成中的图层，新的嵌套合成将会成为原始合成中单个图层的源。预合成也被称为嵌套合成，当预合成用作某个图层的源素材项目时，该图层称为"预合成图层"。

在"时间轴"面板中选择图层，执行"图层"|"预合成"命令，或者按Ctrl+Shift+C组合键，打开"预合成"对话框，如图3-102所示。

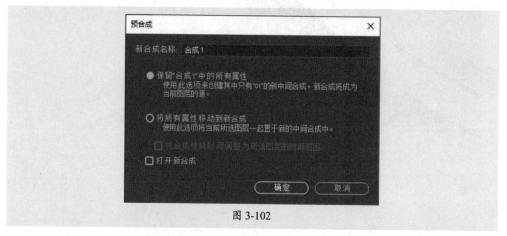

图 3-102

（1）保留"合成1"中的所有属性

选中该单选按钮后，会保留原始合成中预合成图层的属性和关键帧，将这些属性和关键帧应用于表示预合成的新图层中。新合成的帧大小与所选图层的大小相同。当选择多个图层或含有文本图层、形状图层时，该选项不可用。

（2）将所有属性移动到新合成

选择该选项后，会将预合成图层的属性和关键帧从合成层次结构中的根合成再移动一级。在使用此选项时，应用于图层属性的更改也将会应用于预合成中的各个图层。

自己练／制作文字跳动效果

案例路径 云盘/实例文件/第3章/自己练/制作文字跳动效果

项目背景 利用图层的基本属性制作关键帧动画，可以制作出素材移动、旋转、淡入淡出等效果。文字图层同样拥有图层的变换属性，本案例将利用文字图层的"位置"和"缩放"属性制作出文字飞出以及上下跳动的有趣效果。

项目要求 ①选择合适的素材图像。

②选择图层的创建方式。

③控制关键帧间隔时长以控制文字跳动频率。

项目分析 根据所选的素材图像创建合成，接着再创建文字图层，利用文字图层变换属性中的"位置""缩放"属性来制作文字跳动效果，如图3-103所示。

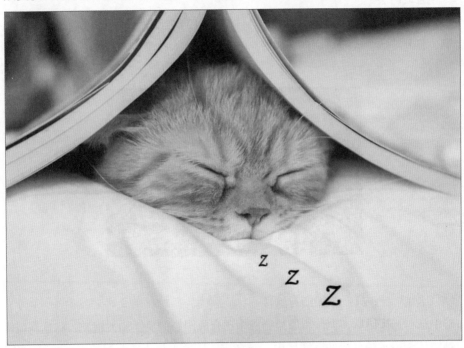

图 3-103

课时安排 2课时。

第4章

文字特效详解

本章概述

在视频动画编辑的过程中，文字动画不仅丰富了视频画面，也更明确地表达了视频的主题，由此可见文字在后期视频特效中的重要位置。本章主要讲解After Effects CC中文字的创建及使用。

要点难点

- 文字的创建与编辑 ★☆☆
- 文字属性的设置 ★★☆
- 文字动画控制器的应用 ★★★
- 认识表达式 ★★☆

跟我学 制作文字飞入效果 //////////////////////////

学习目标 利用文字的动画控制器可以制作出多种多样的文字动画效果，本案例就利用"范围选择器"和"位置"控制器制作一个文字飞入画面的动画效果。

效果预览

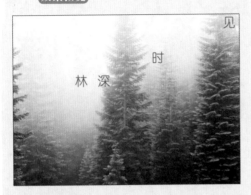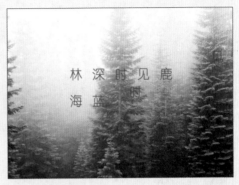

案例路径 云盘/实例文件/第4章/跟我学/制作文字飞入效果

┃. 导入素材并创建合成

步骤 01 新建项目，在"项目"面板的空白处单击鼠标右键，在弹出的快捷菜单中选择"导入" | "文件"命令，如图4-1所示。

步骤 02 打开"导入文件"对话框，选择要使用的素材图像文件，并选中"创建合成"复选框，如图4-2所示。

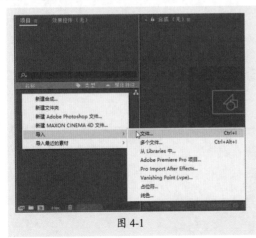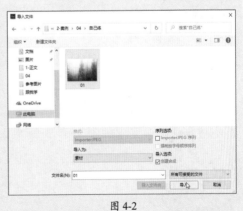

图 4-1   图 4-2

步骤 03 单击"导入"按钮即可将素材导入，并基于素材创建一个合成，在"合成"面板中可以预览到图像，如图4-3所示。

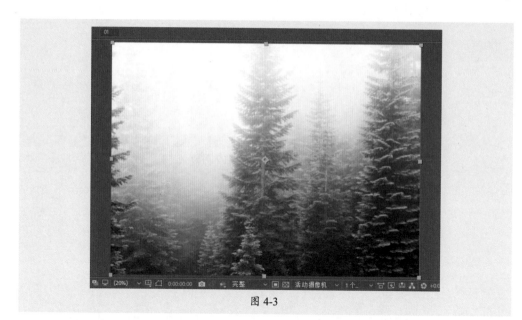

图 4-3

步骤 04 执行"合成"|"合成设置"命令,打开"合成设置"对话框,设置"持续时间"为0:00:03:00,如图4-4所示。

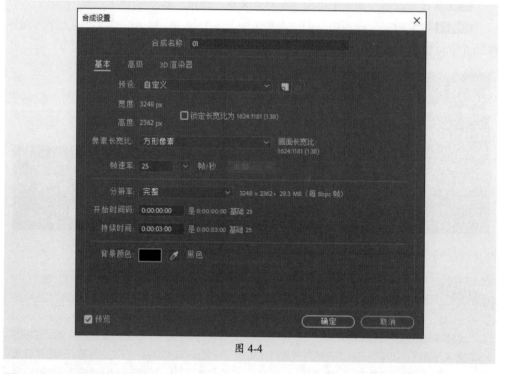

图 4-4

2. 设置文字效果

步骤 01 在工具栏中单击"横排文字工具"按钮,接着在"合成"面板中单击并输入文字"林深时见鹿",如图4-5所示。

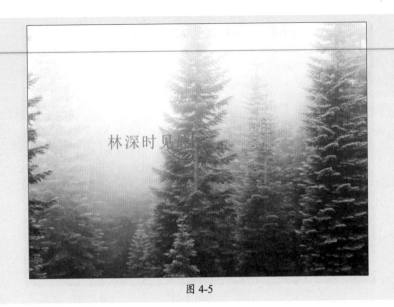

图 4-5

步骤 02 在"字符"面板中设置相关参数，设置字体为幼圆，字体大小为180，字符间距为800，如图4-6所示。

步骤 03 在"段落"面板中单击"左对齐文本"按钮，如图4-7所示。

步骤 04 在"对齐"面板中单击"水平居中对齐"按钮，然后按键盘上的上下方向键移动文字位置，如图4-8所示。

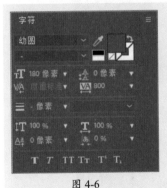

图 4-6

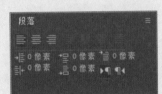

图 4-7

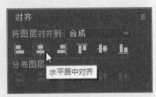

图 4-8

知识链接　　　　文字段落对齐方式分为"左对齐文本""居中对齐文本""右对齐文本"三种类型，其对齐方式会影响文字运动的起点位置。

比如本案例中设置的段落方式为"左对齐文本"，在为文字图层制作关键帧动画时，会以左端第一个文字为基点；如果设置段落方式为"右对齐文本"，则会以右侧最后一个文字为基点；如果设置段落方式为"居中对齐文本"，则会以中间的文字或位置为基点，从中间向两端运动或者从两端向中间运动。

步骤 05 完成上述操作后在"合成"面板中预览效果，如图4-9所示。

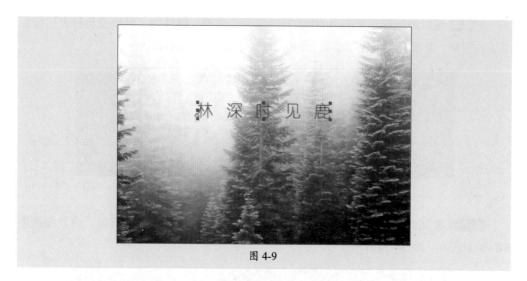

图 4-9

步骤 06 展开文字图层的属性列表,单击"动画"按钮,在列表中选择"启用逐字3D化"命令,在"合成"面板中可以看到文字变成了独立的3D对象,如图4-10和图4-11所示。

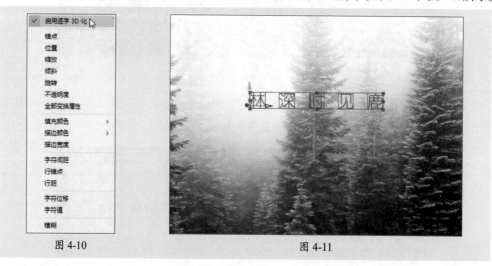

图 4-10   图 4-11

步骤 07 展开"文本"属性组列表,再次单击"动画"按钮,选择添加"位置"属性,会看到列表中新增加的"范围选择器"属性组和"位置"属性,如图4-12所示。

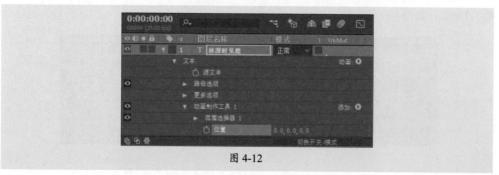

图 4-12

步骤 08 将时间线移动至0:00:00:00处，单击"位置"属性的"时间变化秒表"按钮添加关键帧，并设置"位置"参数为2400.0,-800.0,0.0，如图4-13所示。

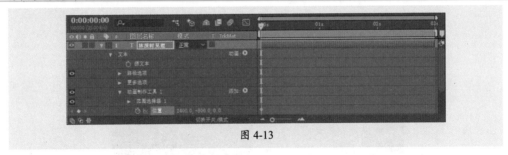

图 4-13

步骤 09 移动时间线至0:00:01:00处，再次为"位置"属性添加关键帧，设置参数为0.0,-800.0,0.0，如图4-14所示。

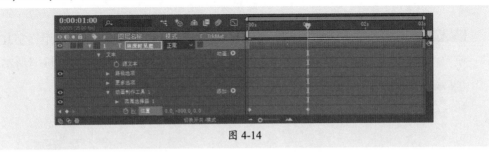

图 4-14

步骤 10 在属性列表中展开"范围选择器1"属性组列表，将时间线移动至0:00:00:00处，为"偏移"属性添加关键帧，并设置参数为0%，如图4-15所示。

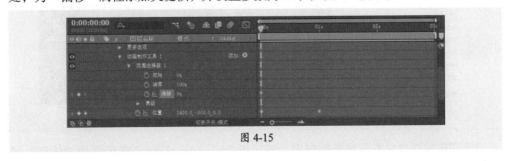

图 4-15

步骤 11 将时间线移动至0:00:01:00处，再次为"偏移"属性添加关键帧，并设置参数为100%，如图4-16所示。

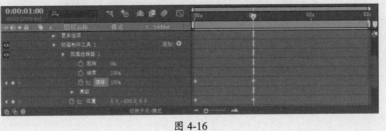

图 4-16

步骤 12 按空格键预览动画，此时可以看到文字从右上角逐字飞入画面的效果，如图4-17所示。

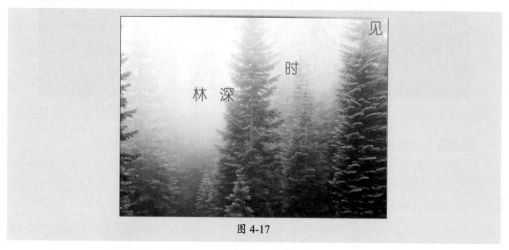

图 4-17

步骤 13 再次创建一个文字图层，输入文字内容"海蓝时见鲸"，调整文字位置，如图4-18所示。

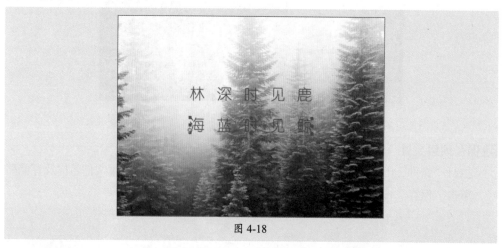

图 4-18

步骤 14 按照上一文字图层的操作方法，从时间线的0:00:01:00开始到0:00:02:00，制作文字的飞入效果，其"偏移"和"位置"关键帧属性参数设置如图4-19和图4-20所示。

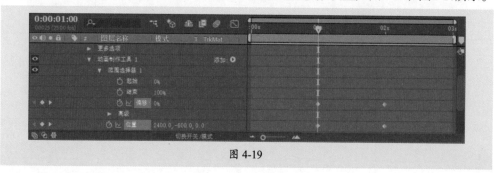

图 4-19

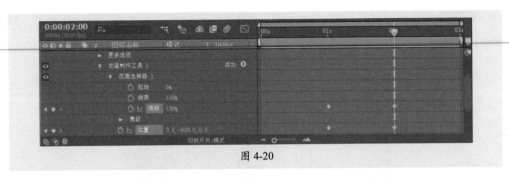

图 4-20

步骤 15 按空格键预览动画，即可看到最终的动画效果，如图4-21所示。

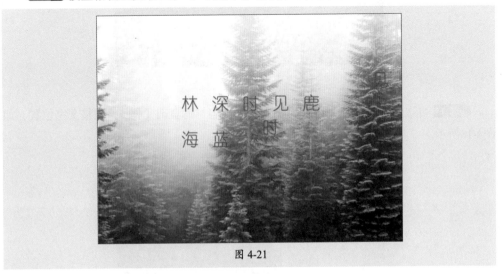

图 4-21

3. 保存项目文件

执行"文件"|"保存"命令，在弹出的"另存为"对话框中设置文件名称及存储路径，单击"保存"按钮完成案例的制作，如图4-22所示。

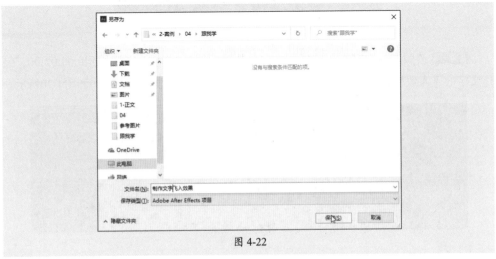

图 4-22

4.1 文字的创建与编辑

利用文字层，可以在合成中添加文字，也可以对整个文字层添加动画。文字的创建和编辑主要是通过点文字和段落文字来实现的。

4.1.1 文字层概述

文字层是合成层，即文字层不需要源素材；同时也是矢量层，当缩放层或重新定义文字尺寸时，其边缘会保持平衡。

可以从Photoshop、Illustrator、Indesign或任何文字编辑器中复制文字，并粘贴到After Effects中。由于After Effects支持统一编码的字符，因此可以在其他支持统一编码字符的软件之间复制并粘贴这些字符。

4.1.2 创建文字

用户创建文字通常有三种方式，分别是利用文本层、文本工具或文本框进行创建。

（1）利用文本层创建

在"时间轴"面板的空白处单击鼠标右键，在弹出的快捷菜单中选择"新建"|"文本"命令，如图4-23所示。创建完成后，在"合成"面板中单击鼠标左键，输入文字即可，如图4-24所示。

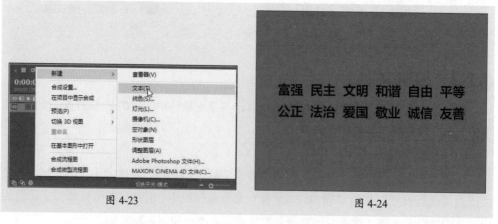

图 4-23   图 4-24

（2）利用文本工具创建

在工具栏中选择"直排文字工具"或使用Ctrl+T组合键，如图4-25所示。在"合成"面板中单击鼠标左键，即可输入文字，如图4-26所示。

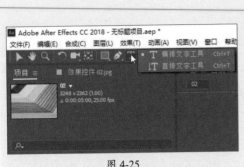

图 4-25

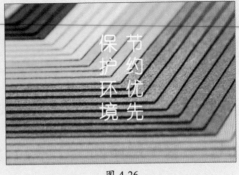

图 4-26

（3）利用文本框创建

在工具栏中选择"横排文字工具"或"直排文字工具"，在"合成"面板中按住鼠标左键并拖动，绘制一个矩形文本框，如图4-27所示。直接输入文字，按回车键完成，如图4-28所示。

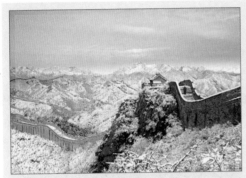

图 4-27

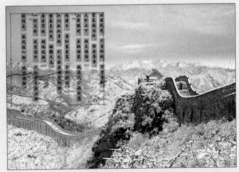

图 4-28

4.1.3 编辑文字

在创建文本之后，文字还具有像Photoshop等平面软件中配置的基本文字属性，包括字体大小、填充颜色及对齐方式等。

（1）设置字符格式

选择文字后，可以在"字符"面板中对文字的字体系列、字体大小、填充颜色和是否描边等进行设置。执行"窗口"|"字符"命令或按Ctrl+6组合键即可打开"字符"面板，从中可以对字体、颜色、边宽等属性值做出更改，如图4-29所示。

（2）设置段落格式

选择文字后，可以在"段落"面板中对文字的对齐、缩进和段间距等格式进行设置。执行"窗口"|"段落"命令，即可打开"段落"面板，从中可以对文字的对齐方式和段间距等参数进行设置，如图4-30所示。"段落"面板中包含7种对齐方式，分别是左对齐文本、居中对齐文本、右对齐文本、最后一行左对齐、最后一行居中对齐、最后一

行右对齐、两端对齐。另外还包括缩进左边距、缩进右边距和首行缩进3种段落缩进方式，以及段前添加空格和段后添加空格两种设置边距方式。

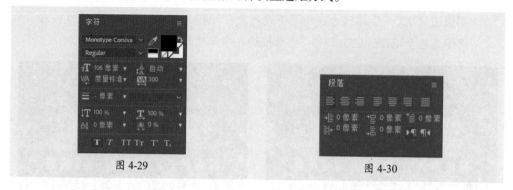

图 4-29   图 4-30

4.2 文字属性的设置

After Effects中的文字是一个单独的图层，包括"文本"和"变换"属性。通过设置这些基本属性，不仅可以增加文本的实用性和美观性，还可以为文本创建最基础的动画效果。

4.2.1 设置基本属性

在"时间轴"面板中，展开文本图层中的"文本"属性组，可通过"源文本"和"更多选项"等子属性更改文本的基本属性。

（1）"源文本"属性

该属性主要用于设置文本在不同时间段的显示内容。

（2）"更多选项"属性组

该属性组中的子选项与"字符"面板中的选项具有相同的功能，并且有些选项还能控制"字符"面板中的选项设置，如图4-31所示。

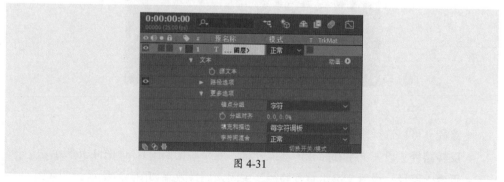

图 4-31

● **锚点分组：** 每个组以自身的中心为中心变换。包括字符、词、行、全部四种分组方式。

- **分组对齐**：控制文本围绕路径排列的随机度。
- **填充和描边**：控制填充和描边的显示方式，包括"每字符调板""全部填充在全部描边之上""全部描边在全部填充之上"三种。如图4-32和图4-33所示为"全部填充在全部描边之上"和"全部描边在全部填充之上"的文字效果。

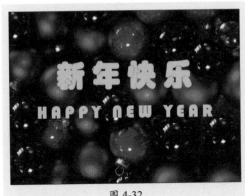

图 4-32

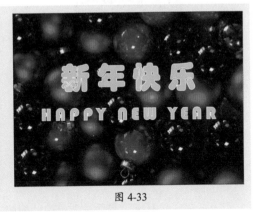

图 4-33

- **字符间混合**：控制字符之间的混合模式，与图层混合模式类似。

4.2.2 设置路径属性

文本图层中的"路径选项"属性组，是沿路径对文本进行动画制作的一种简单方式。在该属性组中不仅可以指定文本的路径，还可以改变各个字符在路径上的显示方式，如图4-34所示。

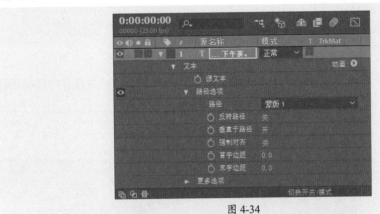

图 4-34

- **路径**：可以选择路径。
- **反转路径**：设置文字在路径内部或外部，效果对比如图4-35和图4-36所示。
- **垂直于路径**：设置文字垂直于路径，关闭该属性效果如图4-37所示。
- **强制对齐**：强制文字铺满路径，且字间距相同，开启后效果如图4-38所示。
- **首字边距/末字边距**：调节首字和末字距离起始点的距离。

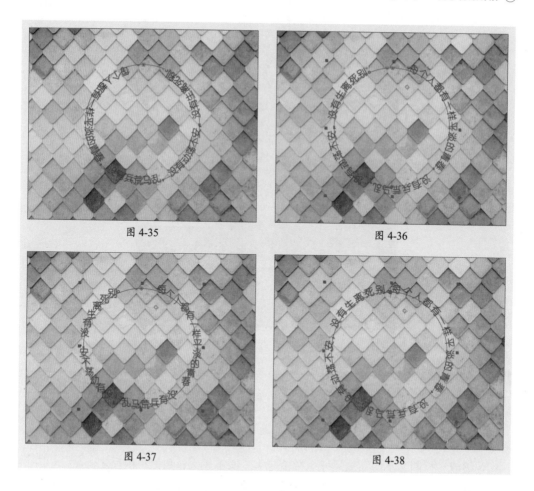

图 4-35

图 4-36

图 4-37

图 4-38

4.3 文字动画控制器

新建文字动画时，将会在文本层建立一个动画控制器，用户可以通过控制各种选项参数，制作各种各样的运动效果，如制作滚动字幕、旋转文字效果、放大缩小文字效果等。

4.3.1 特效类控制器

应用特效类控制器可以对文本图层进行动画编辑，和图层的基本属性有些类似，但可操作性更为广泛，是合成中不可缺少的部分。当新建文字动画时，将在文本层建立一个动画控制器，可通过控制选项参数，制作各种各样的运动效果。

展开文本图层属性列表，在"文本"属性组右侧单击"动画"按钮，即可在展开的列表中选择控制器，如图4-39所示。

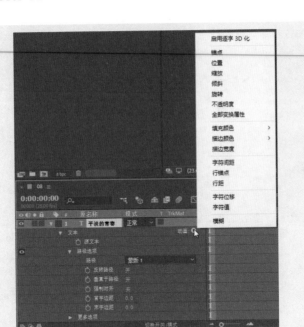

图 4-39

1. 变形类控制器

该类控制器可以控制文本动画的变形，如倾斜、位移、缩放等。

- **锚点：** 控制文本动画的中心点位置。
- **位置：** 控制文本的位置。
- **缩放：** 控制文本的缩放尺寸。数值越大，文本越大；数值小则反之。
- **倾斜：** 控制文本的倾斜坐标。该参数又包括两个属性参数，其中"倾斜"控制着倾斜程度，数值为正时文本向左倾斜，数值为负时，文本向右倾斜；"倾斜轴"控制倾斜度的轴向。
- **旋转：** 控制文本的旋转角度。默认参数为0x+0.0°，x前面的数字表示旋转圈数，x后的数值表示旋转度数。

2. 颜色类控制器

颜色类控制器主要控制文本动画的颜色显示，如色相、亮度/饱和度等，综合使用可以调整出丰富的文本颜色效果。

- **填充颜色：** 控制文本的填充颜色、色相、饱和度、亮度、不透明度。
- **描边颜色：** 控制文本的描边颜色、色相、饱和度、亮度、不透明度。
- **描边宽度：** 控制文本的描边宽度。

3. 文本类控制器

文本类控制器主要用于控制文本字符的行间距和空间位置，可以从整体上控制文本的动画效果。

- **字符间距**：控制单个文字的间距。数值越大，文字之间的距离越大；数值小则反之；如果数值为负，则文字有可能发生重叠或翻转。
- **行距**：控制文本的行距。数值越大行距越大，数值越小则反之。
- **字符位移**：控制单个文字的偏移量。改变参数可以使文字产生偏移，从而变成其他文字。
- **字符值**：可以为文本指定新的字符，使整个字符变成新的内容。

4. 其他控制器

除了上述控制器外，还有启用逐字3D化和模糊，这两种控制器参数非常简单，也较为常用。

启用逐字3D化控制器启用后，将会使图层转换为三维图层，并将文字图层中的每一个文字作为独立的三维对象。在"合成"面板中会显示三维坐标轴，调整坐标轴即可改变文本在三维空间的位置。

模糊控制器可以分别设置在平行方向和垂直方向上模糊文本的参数，以控制文本的模糊效果。

4.3.2 范围选择器

当添加一个特效类控制器时，均会在"动画"属性组添加一个"范围选择器"选项，该选项在特效基础上，可以制作出各种各样的运动效果。

根据其属性的具体功能，可划分为基础选项和高级选项，基础选项包括"起始""结束""偏移"三个参数，高级选项则可以设置"模式""数量""形状""平滑度"等参数，如图4-40和图4-41所示。

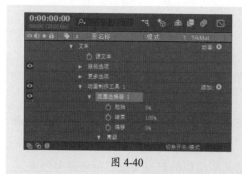
图 4-40

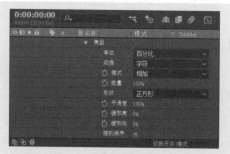
图 4-41

- **起始/结束**：设置该控制器的有效起始或结束范围。
- **偏移**：设置有效的偏移量，可以创建一个会随着时间变化而变化的区域。

知识链接　当数值为0时，有效范围可以保存在用户设定的位置；当数值为100时，有效范围则移动至文本的末端位置。

- **依据**：设置有效范围内的动画单位。
- **模式**：设置有效范围与源文本之间的交互模式。
- **数量**：设置属性控制文本的程度。数值越大影响程度就越强。
- **缓和高/低**：控制文本动画过渡柔和的最高点或最低点的速率。

4.3.3 摆动选择器

"摆动选择器"可以控制文本的抖动，并配合关键帧动画制作出更加复杂的动画效果。单击"添加"按钮，选择"选择器"|"摆动"命令，即可添加"摆动选择器1"属性组，如图4-42和图4-43所示。

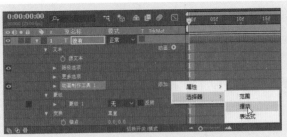

图 4-42

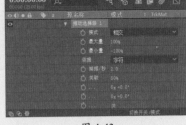

图 4-43

4.4 认识表达式

表达式是由传统的JavaScript语言编写而成的，用于实现界面中不能执行的命令，或者是将大量重复的操作简单化。遵循表达式的基本规律，可以创作出更加复杂绚丽的动画效果。

4.4.1 表达式语法

在After Effects中表达式具有类似于其他程序设计的语法，只有遵循这些语法，才可以创建正确的表达式。

一般的表达式形式如：thisComp.layer("Story medal").transform.scale=transform. scale+time*10

- **全局属性"thisComp"**：用来说明表达式所应用的最高层级，可理解为合成。
- **层级标识符号"."**：为属性连接符号，该符号前面为上位层级，后面为下位层级。
- **layer("")**：定义层的名称，必须在括号内加引号。

解读上述表达式的含义：这个合成的Story medal层中的变换选项下的缩放数值，随着时间的增长呈10倍的缩放。

技巧点拨

如果表达式输入有错误，After Effects将会显示黄色的警告图标提示错误，并取消该表达式操作。单击警告图标，可以查看错误信息。

除此之外，还可以为表达式添加注释。在注释句前加"//"符号，表示在同一行中任何处于"//"后的语句都被认为是表达式注释语句。

知识链接

在After Effects CC中经常用到"数组"这个数据类型，而"数组"又是经常使用常量和变量作为其中的一部分。
- 数组常量：不同于JavaScript语言，After Effects CC中表达式的数值是从0开始的。
- 数组变量：用一些自定义的元素来代替具体的值。
- 将数组指针赋予变量：主要是为属性和方法赋予值或返回值。
- 数组维度：属性的参数量为维度。

4.4.2 创建表达式

在After Effects CC中，表达式最简单直接的创建方法，就是直接在图层的属性选项中创建。

以"位置"属性为例，打开图层的属性列表，按住Alt键单击"位置"属性左侧的"时间秒表变化"图标，在时间轴区域会出现输入框，在这里输入正确的表达式，如图4-44所示。在其他位置单击即可完成操作。

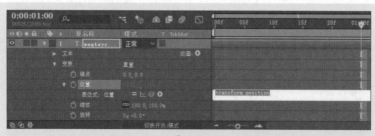

图 4-44

或执行"效果"|"表达式控制"命令，在其级联菜单中可以选择合适的表达式，如图4-45所示。

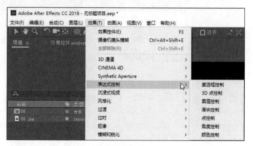

图 4-45

技巧点拨

如果想要删除之前添加的表达式，可以在时间轴区域单击表达式，此时会进入表达式编辑状态，删除表达式内容即可。

自己练／制作文字旋转跳动效果

案例路径 云盘/实例文件/第4章/自己练/制作文字旋转跳动效果

项目背景 文字在后期视频效果中的应用非常频繁，利用After Effects CC的图层特性结合文字的蒙版路径可以制作出多种多样的文字效果，动态、静态效果皆宜。本案例将利用椭圆蒙版改变文字的形态，再利用文字图层的"模糊"控制器和摆动选择器制作出文字带有节奏的跳动效果，为读者详细讲解该效果的设置方法。

项目要求 ①背景简洁大方，可选用纯色图层。

②文字内容优美、通顺。

③选择预设为"PAL D1/DV宽银幕方形像素"。

项目分析 为文字创建圆形路径，使其呈圆形展示，利用"旋转"变换属性制作文字旋转动画效果。结合"模糊"控制器和摆动选择器一起使用，在"模糊"参数不为0的情况下会展现出不规则的跳动效果，如图4-46所示。

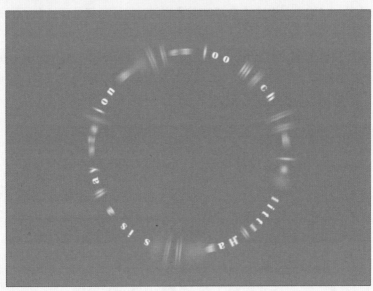

图 4-46

课时安排 2课时。

第**5**章

色彩校正与调色

本章概述

    After Effects CC为用户提供了大量的特效功能，可对平时的素材进行修正并渲染绚丽的动画效果。颜色校正与调色是在After Effects编辑素材画面中最常用的方法，颜色校正在图像的修饰中是非常重要的一项内容。本章将为读者详细介绍色彩调整的方法，以及调色滤镜的操作方法与技巧。

要点难点

- 色彩基础知识 ★☆☆
- 主要调色滤镜 ★★★
- 常用调色滤镜 ★★☆
- 其他常用效果 ★☆☆

跟我学 制作季节变化效果 ///////////////////////////

> **学习目标** 在影视节目制作过程中，经常会利用After Effects CC进行图像素材色彩及色调的调整，以满足不同的视觉效果。本案例通过"色彩校正"特效组中的特效来调整图像色调和饱和度等，以制作出季节变化效果，让读者更好地了解颜色校正效果的应用。

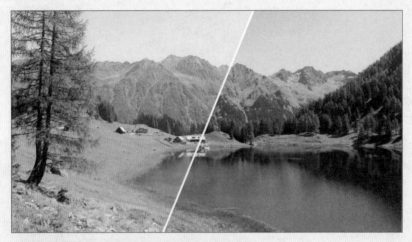

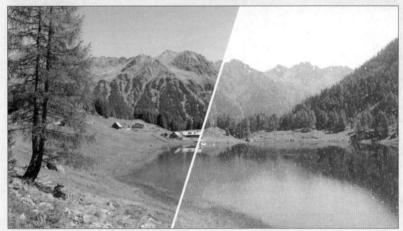

案例路径 云盘/实例文件/第5章/跟我学/制作季节变化效果

1. 新建合成并导入素材

步骤 01 新建项目，然后在"项目"面板中单击鼠标右键，在弹出的快捷菜单中选择"新建合成"命令，如图5-1所示。

步骤 02 在弹出的"合成设置"对话框中设置预设类型，并设置持续时间，如图5-2所示。单击"确定"按钮创建合成。

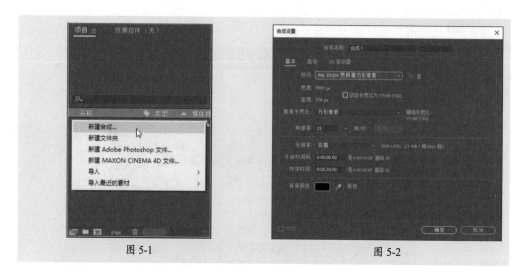

图 5-1　　　　　　　　　　　　　　　　图 5-2

步骤 03 执行"文件"|"导入"|"文件"命令，如图5-3所示。

步骤 04 打开"导入文件"对话框，选择要导入的素材，如图5-4所示。

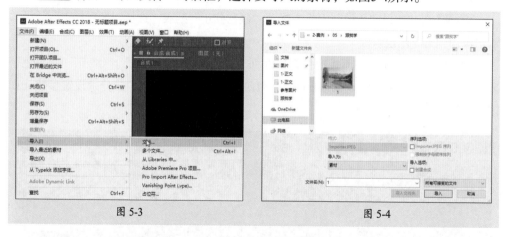

图 5-3　　　　　　　　　　　　　　　　图 5-4

步骤 05 单击"导入"按钮将素材导入"项目"面板，再将其拖曳至"时间轴"面板，在"合成"面板中可以看到当前效果，如图5-5所示。

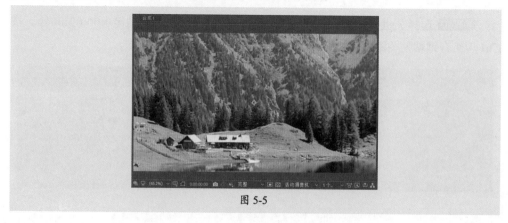

图 5-5

步骤 06 按Ctrl+Shift+Alt+H组合键，使素材适应"合成"面板，如图5-6所示。

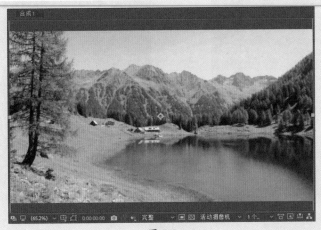

图 5-6

2. 设置关键帧动画

步骤 01 在"效果和预设"面板中展开"颜色校正"列表，选择"颜色校正"效果并双击添加到素材图层。

步骤 02 在"时间轴"面板中打开属性列表，展开"可选颜色"|"细节"|"黄色"属性组，将时间线移动至0:00:00:00处，为四个属性添加关键帧，并分别设置参数，如图5-7所示。

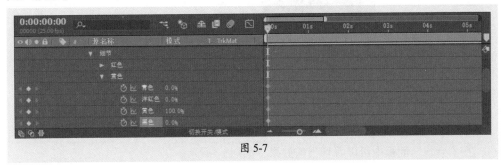

图 5-7

步骤 03 选择关键帧，按Ctrl+C组合键复制，再将时间线移动至0:00:02:00处，按Ctrl+V组合键粘贴关键帧，如图5-8所示。

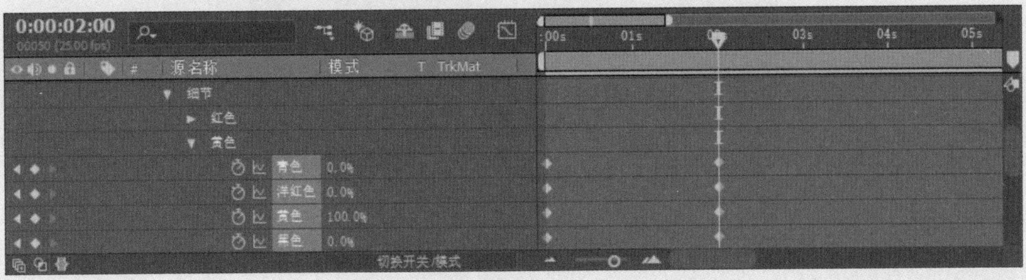

图 5-8

步骤 04 打开"绿色"属性列表，为"绿色"属性组中的三个属性创建关键帧并进行复制，如图5-9所示。

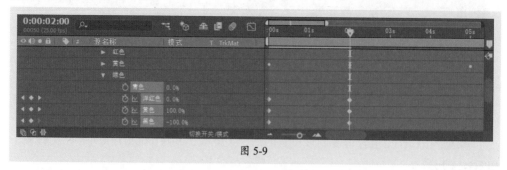

图 5-9

步骤 05 打开"青色"属性列表，为"青色"属性组中的"黑色"属性创建关键帧并进行复制，如图5-10所示。

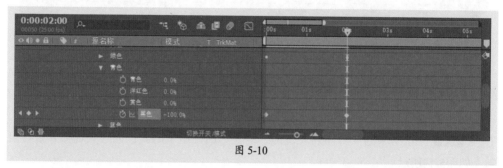

图 5-10

步骤 06 当前制作的是春季效果，在"合成"面板中预览当前效果，如图5-11所示。

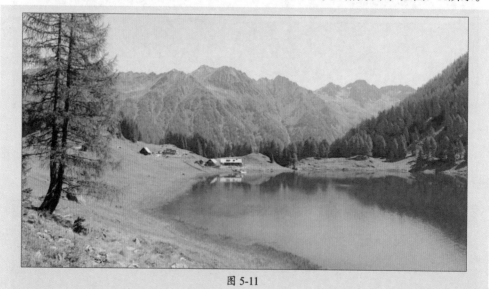

图 5-11

步骤 07 制作夏季效果。移动时间线至0:00:05:00处，为"黄色"属性组的四个属性添加关键帧，并分别设置参数，如图5-12所示。

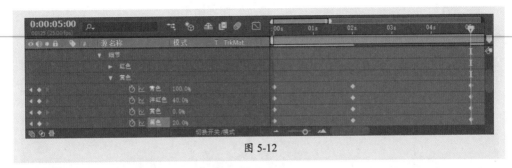

图 5-12

步骤 08 按Ctrl+C组合键复制该位置的四个关键帧，并在0:00:07:00处粘贴关键帧，如图5-13所示。

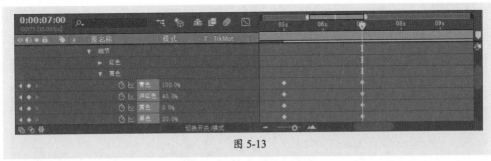

图 5-13

步骤 09 打开"绿色"属性列表，为"绿色"属性组中的属性创建关键帧并进行复制，如图5-14所示。

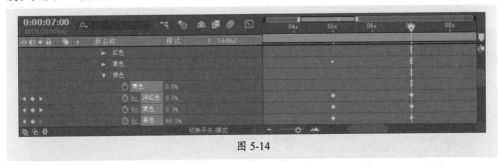

图 5-14

步骤 10 打开"青色"属性列表，为"青色"属性组中的"黑色"属性创建关键帧并进行复制，如图5-15所示。

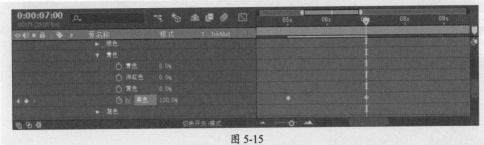

图 5-15

步骤 **11** 当前的季节效果如图5-16所示。

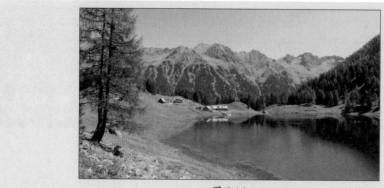

图 5-16

步骤 **12** 制作秋季效果。将时间线移动至0:00:10:00处，为"黄色"属性组添加关键帧，并设置参数，如图5-17所示。

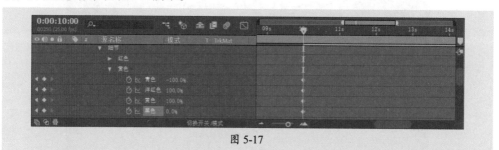

图 5-17

步骤 **13** 复制四个关键帧，并在0:00:12:00位置进行粘贴，如图5-18所示。

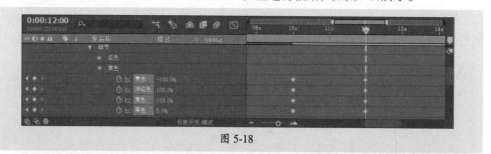

图 5-18

步骤 **14** 为"绿色"属性组中的属性创建关键帧并进行复制，如图5-19所示。

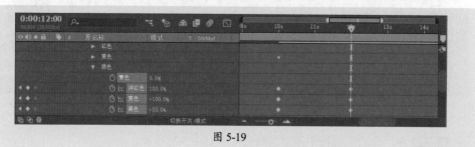

图 5-19

步骤 15 为"青色"属性组中的"黑色"属性创建关键帧并进行复制，如图5-20所示。

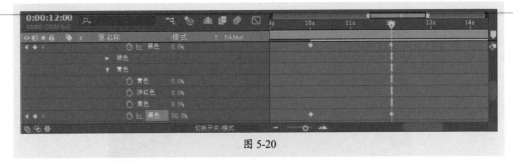

图 5-20

步骤 16 当前的季节效果如图5-21所示。

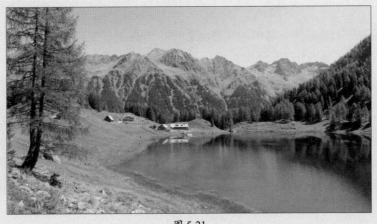

图 5-21

步骤 17 制作冬季效果。将时间线移动至0:00:15:00，分别为"黄色"属性组、"绿色"属性组、"青色"属性组创建关键帧，并复制关键帧到0:00:17:00位置，如图5-22所示。

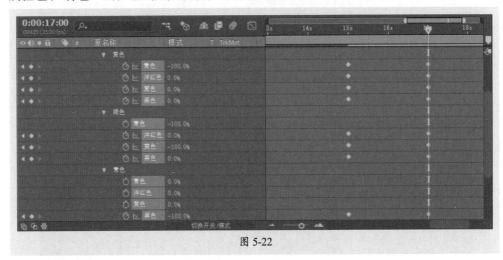

图 5-22

步骤 18 在"合成"面板中预览当前效果，如图5-23所示。

步骤19 继续为图层添加"色相/饱和度"效果,将时间线移动至0:00:1:00处,为"色相/饱和度"效果的"通道范围"属性添加关键帧,在"效果控件"面板中选择"绿色"通道,设置相关参数,如图5-24所示。

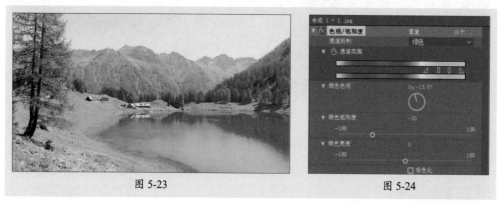

图 5-23   图 5-24

步骤20 将时间线移动至0:00:15:00处,为"通道范围"属性添加关键帧,在"效果控件"面板中分别设置"黄色""绿色""青色"和"主"通道,并设置相关参数,如图5-25~图5-28所示。

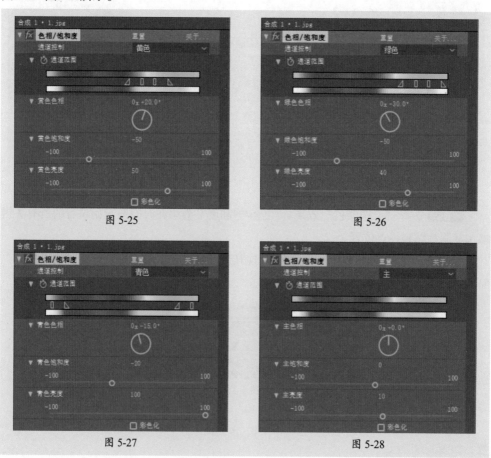

图 5-25   图 5-26

图 5-27   图 5-28

步骤21 复制关键帧到0:00:17:00位置，如图5-29所示。

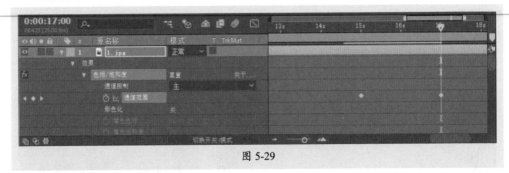

图 5-29

步骤22 当前的季节效果如图5-30所示。

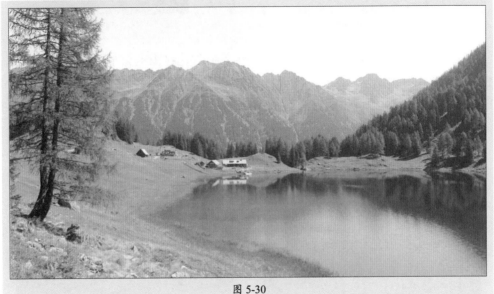

图 5-30

步骤23 选择"可选颜色"效果、"色相/饱和度"效果在时间线起始位置的所有关键帧，复制粘贴到终点位置。

步骤24 为冬季添加下雪效果。为素材图层添加CC Snowfall特效，在"效果控件"面板中将该效果置于顶部，如图5-31所示。

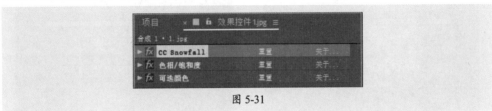

图 5-31

步骤25 将时间线移动至0:00:14:00处，为Flakes和Size属性添加关键帧，并设置参数，如图5-32所示。

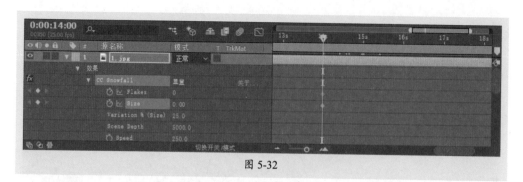

图 5-32

步骤 26 将时间线移动至0:00:15:00处，为Flakes和Size属性添加关键帧，并设置 Flakes、Size、Wind、Opacity等参数，如图5-33所示。

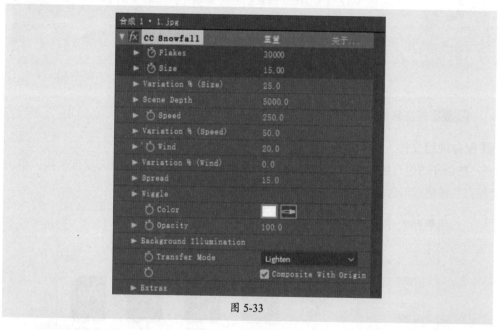

图 5-33

步骤 27 选择0:00:14:00处的关键帧，将其复制粘贴到0:00:18:00处；再选择0:00:15:00 处的关键帧，将其复制粘贴到0:00:17:00处，如图5-34所示。

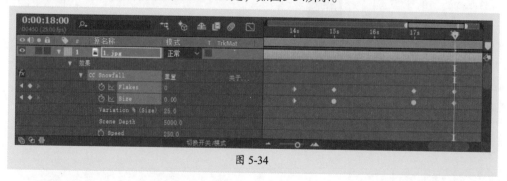

图 5-34

步骤 28 当前的冬季效果如图5-35所示。

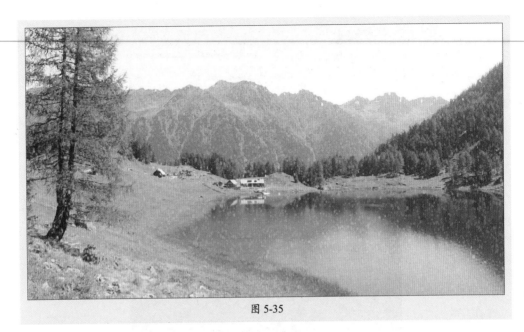

图 5-35

步骤 29 按空格键即可预览季节变化的动画效果。

3. 保存项目文件

　　按Ctrl+S组合键，打开"另存为"对话框，选择存储路径并输入项目名称，单击"保存"按钮即可保存项目文件，如图5-36所示。

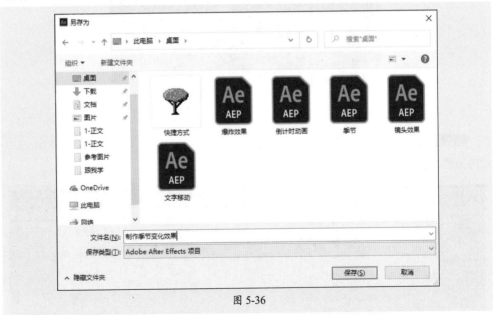

图 5-36

5.1 色彩基础知识

颜色校正主要是用于处理画面的色彩，在学习颜色校正特效前，本节将先介绍色彩的相关基础知识。

5.1.1 色彩模式

色彩模式是数字世界中表示色彩的一种算法。为表示各种色彩，人们通常将色彩划分为若干分量。

（1）RGB模式

RGB模式是一种最基本也是使用最广泛的色彩模式。它源于有色光的三原色原理，其中，R（Red）代表红色，G（Green）代表绿色，B（Blue）代表蓝。

每种色彩都有256种不同的亮度值，因此RGB模式理论上约有1670多万种色彩（见图5-37）。这种色彩模式是屏幕显示的最佳模式，如显示器、电视机、投影仪等都采用这种色彩模式。

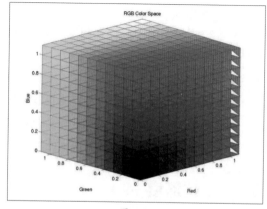

图 5-37

（2）CMYK模式

CMYK是一种减色模式。其实人的眼睛就是根据减色模式来识别色彩的。CMYK模式主要用于印刷领域。纸上的色彩是通过油墨产生的，不同的油墨混合可以产生不同的色彩效果，但是油墨本身并不会发光，它也是通过吸收（减去）一些色光，而把其他光反射到观察者的眼睛里产生色彩效果的。在CMYK模式中，C（Cyan）代表青色，M（Magenta）代表品红色，Y（Yellow）代表黄色，K（Black）代表黑色。C、M、Y分别是红、绿、蓝的互补色。由于这3种色彩混合在一起只能得到暗棕色，而得不到真正的黑色，所以另外引入了黑色。由于Black中的B也可以代表Blue（蓝色），所以为了避免歧义，黑色用K代表。在印刷过程中，使用这4种色彩的印刷板来产生各种不同的色彩效果。

（3）HSB模式

HSB模式是基于人类对色彩的感觉而开发的模式，也是最接近人眼观察色彩的一种模式。H代表色相，S代表饱和度，B代表亮度。

- 色相是人眼能看见的纯色，即看见光谱的单色。在0~360°的标准色轮上，色相是按位置度量的。如红色在0°，绿色在120°，蓝色在240°等。
- 饱和度即色彩的纯度或强度。饱和度表示色相中灰度成分所占的比例，用从0%（灰）~100%（完全饱和）来度量。
- 亮度是色彩的亮度，通常用0%（黑）~100%（白）的百分比来度量。

（4）YUV（Lab）模式

YUV模式在于它的亮度信号Y和色度信号UV是分离的，彩色电视采用YUV空间正是为了用亮度信号Y解决彩色电视机和黑白电视机的兼容问题的。如果只有Y分量而没有UV分量，这样表示的图像为黑白灰度图。

Lab模型与设备无关，有3个色彩通道，一个用于亮度，另外两个用于色彩范围，简单地用字母ab表示。Lab模型和RGB模型一样，这些色彩混合在一起产生更鲜亮的色彩。

（5）灰度模式

灰度模式的图像中只存在灰度，而没有色度、饱和度等彩色信息。灰度模式共有256个灰度级。灰度模式的应用十分广泛。在成本相对低廉的黑白印刷中，许多图像都采用了灰度模式。

通常可以把图像从任何一种色彩模式转换为灰度模式，也可以把灰度模式转换为任何一种色彩模式。当然，如果把一种彩色模式的图像经过灰度模式，然后再转换成原来的彩色模式时，图像质量会受到很大的损害。

5.1.2 位深度

"位"（bit）是计算机存储器里的最小单元，用来记录每一个像素色彩的值。图像的色彩越丰富，"位"就越多，意味着图像具有较多的可用颜色和较精确的颜色表示。每一个像素在计算机中所使用的这种位数就是位深度，也被称为像素深度或颜色深度。

5.2 主要调色滤镜

在本节中将详细介绍After Effects CC颜色校正的四个主要调色滤镜：亮度和对比度、色相/饱和度、色阶和曲线。

5.2.1 "亮度和对比度"滤镜

"亮度和对比度"滤镜主要用于调整画面的亮度和对比度，可以同时调整所有像素的亮部、暗部和中间色。

选择图层，在"效果和预设"面板中依次展开"颜色校正"列表，双击"亮度和对比度"命令，如图5-38所示；在"特效控件"面板中设置效果参数，如图5-39所示。

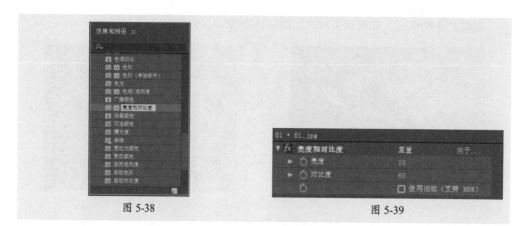

图 5-38   图 5-39

完成上述操作后，观看效果对比如图5-40和图5-41所示。

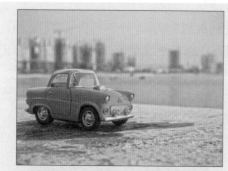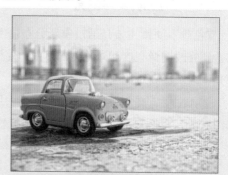

图 5-40   图 5-41

5.2.2 "色相/饱和度"滤镜

"色相/饱和度"滤镜可以通过调整某个通道色彩的色相、饱和度及亮度，对图像的某个色域局部进行调节。

选择图层，在"效果和预设"面板中展开"颜色校正"列表，双击"色相/饱和度"命令，如图5-42所示；在"特效控件"面板中设置效果参数，如图5-43所示。

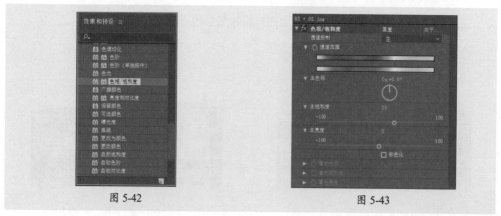

图 5-42   图 5-43

完成上述操作后，观看效果对比如图5-44和图5-45所示。

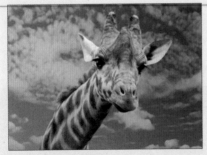 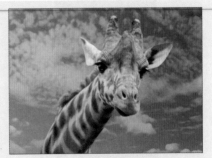

图 5-44   图 5-45

5.2.3　"色阶"滤镜

"色阶"滤镜主要是通过重新分布输入色彩的级别来获取一个新的色彩输出范围，以达到修改图像亮度和对比度的目的。使用色阶可以扩大图像的动态范围、查看和修正曝光，以及提高对比度等作用。

选择图层，在"效果和预设"面板中展开"颜色校正"列表，双击"色阶"命令，如图5-46所示；在"特效控件"面板中设置效果参数，如图5-47所示。

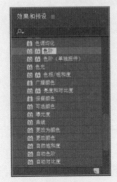 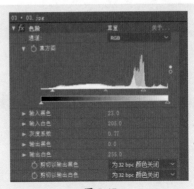

图 5-46   图 5-47

完成上述操作后，观看效果对比如图5-48和图5-49所示。

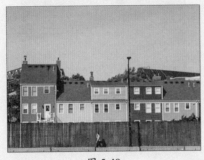 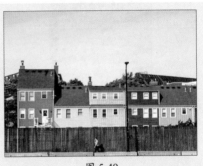

图 5-48   图 5-49

5.2.4 "曲线"滤镜

"曲线"滤镜可以对图像各个通道的色调范围进行控制。通过调整曲线的弯曲度或复杂度，来调整图像的亮区和暗区的分布情况。

选择图层，在"效果和预设"面板中展开"颜色校正"列表，双击"曲线"命令，如图5-50所示；在"特效控件"面板中设置效果参数，如图5-51所示。

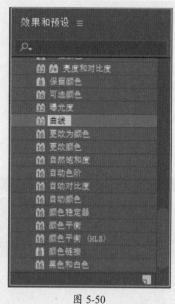

图 5-50

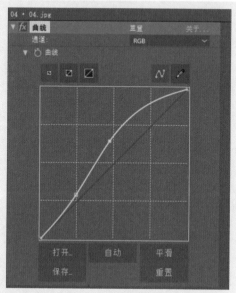

图 5-51

完成上述操作后，观看效果对比如图5-52和图5-53所示。

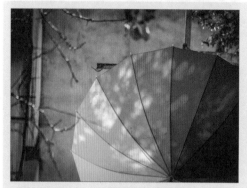

图 5-52

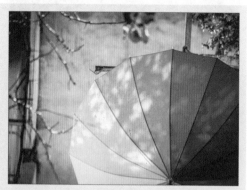

图 5-53

5.3 常用的调色滤镜

在影视制作中，经常需要对图像颜色进行调整，色彩的调整主要是通过调色滤镜进行修改。

5.3.1 "三色调"效果

"三色调"效果可以将画面中的阴影、中间调和高光进行色彩映射处理，从而改变画面的色调。

选择图层，在"效果和预设"面板中展开"颜色校正"列表，双击"三色调"命令，如图5-54所示；在"特效控件"面板中设置效果参数，如图5-55所示。

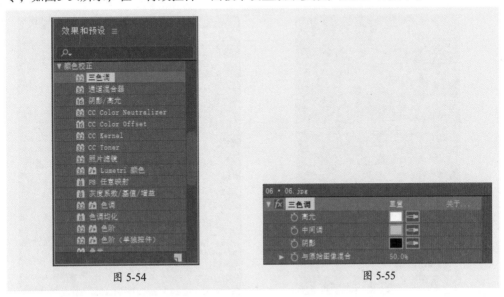

图 5-54   图 5-55

完成上述操作后，观看效果对比如图5-56和图5-57所示。

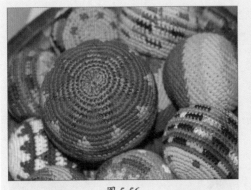
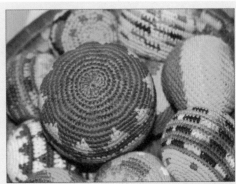

图 5-56   图 5-57

5.3.2 "照片滤镜"效果

"照片滤镜"效果就像为素材添加一个滤色镜，以便和其他色彩统一。

选择图层，在"效果和预设"面板中展开"颜色校正"列表，双击"照片滤镜"命令，如图5-58所示；在"特效控件"面板中设置效果参数，如图5-59所示。

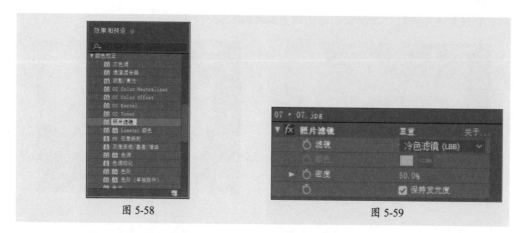

图 5-58   图 5-59

完成上述操作后，观看效果对比如图5-60和图5-61所示。

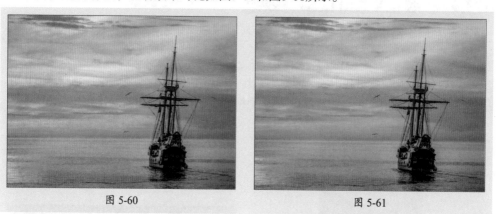

图 5-60   图 5-61

5.3.3 "颜色平衡"效果

"颜色平衡"效果可对图像的暗部、中间调和高光部分的红、绿、蓝通道分别调整。

选择图层，在"效果和预设"面板中展开"颜色校正"列表，双击"颜色平衡"命令，如图5-62所示；在"特效控件"面板中设置效果参数，如图5-63所示。

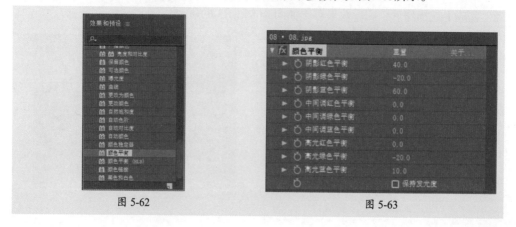

图 5-62   图 5-63

完成上述操作后，观看效果对比如图5-64和图5-65所示。

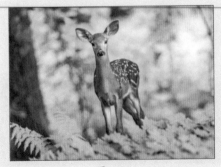

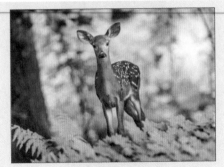

图 5-64　　　　　　　　　　　　　　图 5-65

5.3.4　"颜色平衡(HLS)"效果

"颜色平衡（HLS）"效果是通过调整色相、饱和度和亮度参数来控制图像的颜色平衡。

选择图层，在"效果和预设"面板中展开"颜色校正"列表，双击"颜色平衡(HLS)"命令，如图5-66所示；在"特效控件"面板中设置效果参数，如图5-67所示。

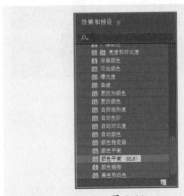
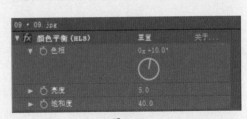

图 5-66　　　　　　　　　　　　　　图 5-67

完成上述操作后，观看效果对比如图5-68和图5-69所示。

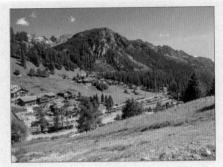
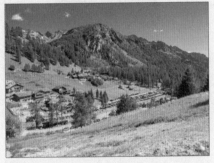

图 5-68　　　　　　　　　　　　　　图 5-69

5.3.5 "曝光度"效果

"曝光度"效果主要是用来调节画面的曝光程度，可以对RGB通道分别曝光。

选择图层，在"效果和预设"面板中展开"颜色校正"列表，双击"曝光度"命令，如图5-70所示；在"特效控件"面板中设置效果参数，如图5-71所示。

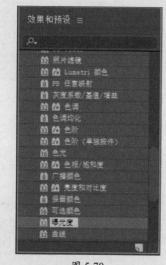

图 5-70

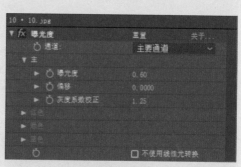

图 5-71

完成上述操作后，观看效果对比如图5-72和图5-73所示。

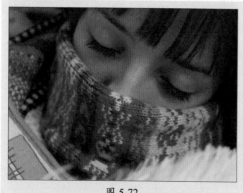

图 5-72

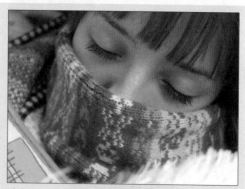

图 5-73

5.3.6 "通道混合器"效果

"通道混合器"效果可以使当前层的亮度为蒙版，从而调整另一个通道的亮度，并作用于当前层的各个色彩通道。

选择图层，在"效果和预设"面板中展开"颜色校正"列表，双击"通道混合器"命令，如图5-74所示；在"特效控件"面板中设置效果参数，如图5-75所示。

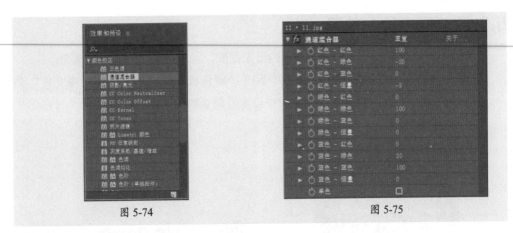

图 5-74   图 5-75

完成上述操作后，观看效果对比如图5-76和图5-77所示。

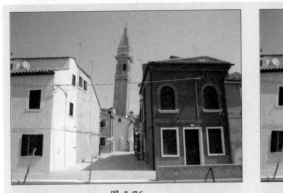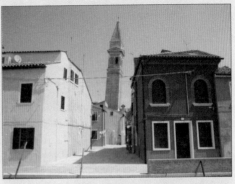

图 5-76   图 5-77

5.3.7 "阴影/高光"效果

"阴影/高光"效果可以单独处理图像的阴影和高光区域，是一种高级调色特效。

选择图层，在"效果和预设"面板中展开"颜色校正"列表，双击"阴影/高光"命令，如图5-78所示；在"特效控件"面板中设置效果参数，如图5-79所示。

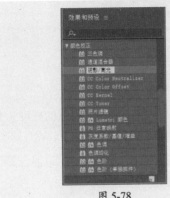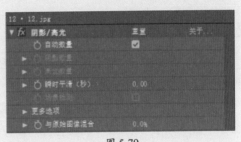

图 5-78   图 5-79

完成上述操作后，观看效果对比如图5-80和图5-81所示。

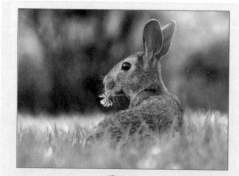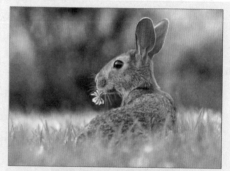

图 5-80 图 5-81

5.3.8 "广播颜色"效果

"广播颜色"效果用来校正广播级视频的色彩和亮度。

选择图层，在"效果和预设"面板中展开"颜色校正"列表，双击"广播颜色"命令（见图5-82），在效果控件面板中设置效果参数，如图5-83所示。

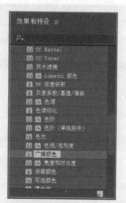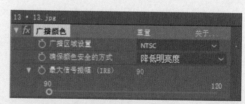

图 5-82 图 5-83

完成上述操作后，观看效果对比如图5-84和图5-85所示。

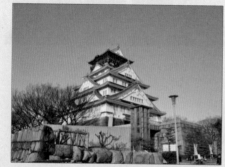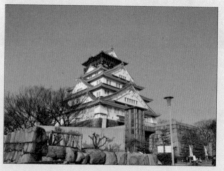

图 5-84 图 5-85

5.4 其他常用效果 ///////////////////////////////////////

本节主要讲解颜色校正调色的一些其他效果以及应用。

5.4.1 "保留颜色"效果

"保留颜色"效果可以去除素材图像中指定色彩外的其他色彩。

选择图层，在"效果和预设"面板中展开"颜色校正"列表，双击"保留颜色"命令，如图5-86所示；在"特效控件"面板中设置效果参数，如图5-87所示。

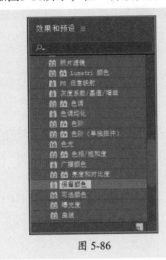

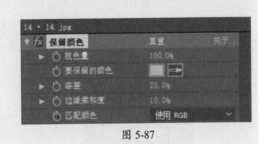

图 5-86　　　　　　　　　　　　　　　　　　图 5-87

完成上述操作后，观看效果对比如图5-88和图5-89所示。

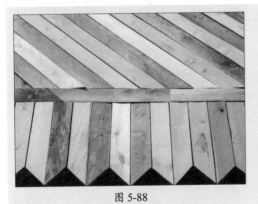

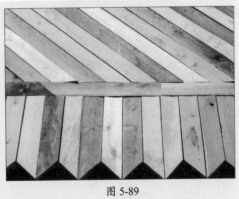

图 5-88　　　　　　　　　　　　　　　　　　图 5-89

5.4.2 "灰度系数/基值/增益"效果

"灰度系数/基值/增益"效果可以调整每个RGB独立通道的还原曲线值。

选择图层，在"效果和预设"面板中展开"颜色校正"列表，双击"灰度系数/基值/增益"命令，如图5-90所示；在"特效控件"面板中设置效果参数，如图5-91所示。

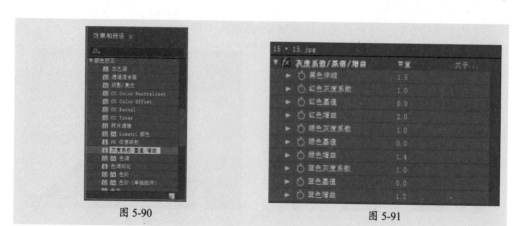

图 5-90   图 5-91

完成上述操作后，观看效果对比如图5-92和图5-93所示。

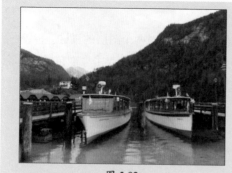
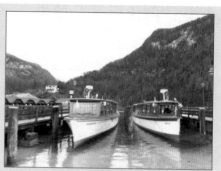

图 5-92   图 5-93

5.4.3 "色调均化"效果

"色调均化"效果可以使图像变化平均化，自动以白色取代图像中最亮的像素，以黑色取代图像中最暗的像素。

选择图层，在"效果和预设"面板中展开"颜色校正"列表，双击"色调均化"命令，如图5-94所示；在"特效控件"面板中设置效果参数，如图5-95所示。

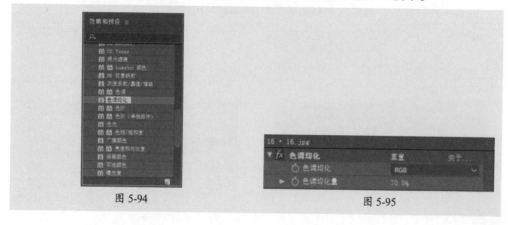

图 5-94   图 5-95

完成上述操作后，观看效果对比如图5-96和图5-97所示。

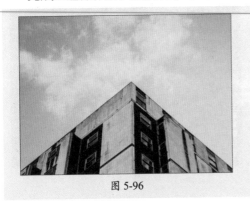 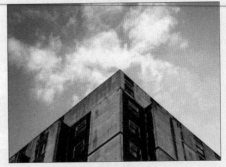

图 5-96　　　　　　　　　　　图 5-97

5.4.4　"颜色链接"效果

"颜色链接"效果可以根据周围的环境改变素材的色彩，对两个图层的素材进行统一。

选择图层，在"效果和预设"面板中展开"颜色校正"列表，双击"颜色链接"命令，如图5-98所示；在"特效控件"面板中设置效果参数，如图5-99所示。

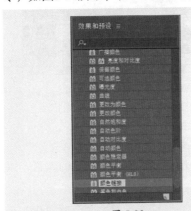 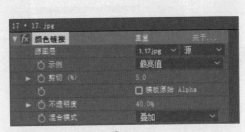

图 5-98　　　　　　　　　　　图 5-99

完成上述操作后，观看效果对比如图5-100和图5-101所示。

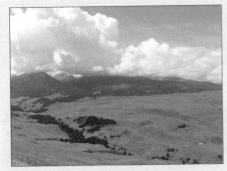 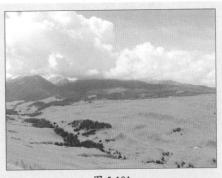

图 5-100　　　　　　　　　　　图 5-101

5.4.5 "更改颜色"效果

"更改颜色"效果可以替换图像中的某种色彩，并调整该色彩的饱和度和亮度。

选择图层，在"效果和预设"面板中展开"颜色校正"列表，双击"更改颜色"命令，如图5-102所示；在"特效控件"面板中设置效果参数，如图5-103所示。

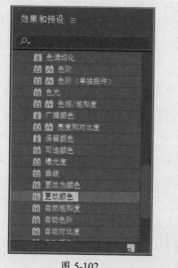

图 5-102

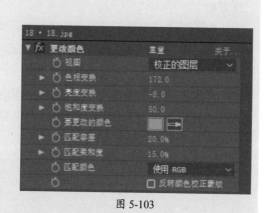

图 5-103

完成上述操作后，观看效果对比如图5-104和图5-105所示。

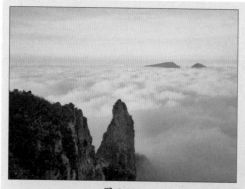

图 5-104

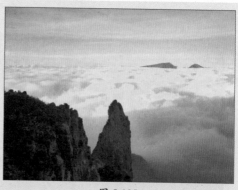

图 5-105

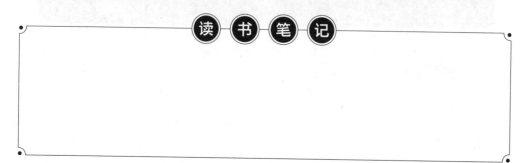
读 书 笔 记

自己练/制作复古场景效果

案例路径 云盘/实例文件/第5章/自己练/制作复古场景效果

项目背景 利用After Effects CC的颜色校正特效可以制作出各种感觉的照片效果，如寒冷、温暖、明亮、灰暗、怀旧等，也可以改变原有图像的色调。本案例将利用色彩校正效果制作出电影场景般的复古效果，为读者详细讲解该效果的设置方法。

项目要求 ①图像素材可选择建筑或风景，更能表现出想要的效果。

②可以选择紫色、黄色、绿色、蓝色等单一色彩或过渡色彩。

③基于图像素材创建合成。

项目分析 利用图层样式为图像素材添加色彩滤镜，调整"混合模式"使色彩附加在图像素材上，再通过"曲线""色相/饱和度"特效为照片素材制作出类似电影的复古效果，如图5-106所示。

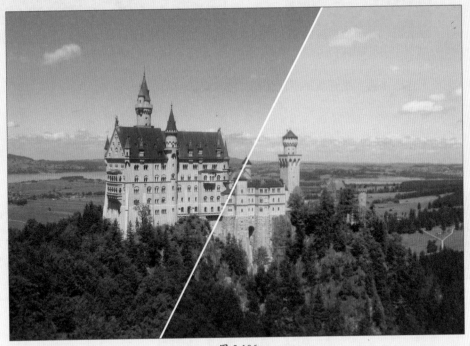

图 5-106

课时安排 3课时。

第**6**章

蒙版特效详解

本章概述

　　蒙版是后期合成中必不可少的部分，默认情况下，图像只有在蒙版内才能被显示出来，蒙版常被用来使目标物体与背景分离，就是通常说的抠像。本章将详细讲解蒙版的创建与设置、属性和应用方面的知识技巧。

要点难点

● 蒙版的概念及属性　★☆☆
● 蒙版工具的应用　★★★
● 蒙版参数的设置　★★☆

跟我学 制作水墨展开效果 //////////////////

学习目标 蒙版的功能就是将图层中一部分图像显示出来，将剩余的部分隐藏，通过设置蒙版扩展可以将一个图片从无到有根据所画蒙版慢慢地展现出来，设置蒙版的羽化参数可以制作出如水墨展开的效果。

效果预览

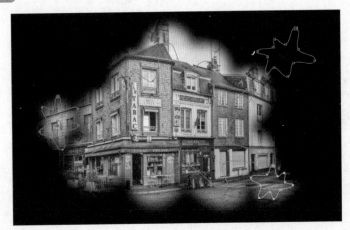

案例路径 云盘/实例文件/第6章/跟我学/制作水墨展开效果

1. 导入素材并创建合成

步骤01 在"项目"面板中单击鼠标右键，在弹出的快捷菜单中选择"导入"|"文件"命令，如图6-1所示。

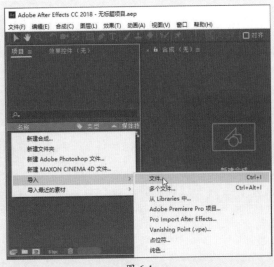

图 6-1

步骤 02 在弹出的"导入文件"对话框中选择要导入的素材图像，并选中"创建合成"复选框，如图6-2所示。

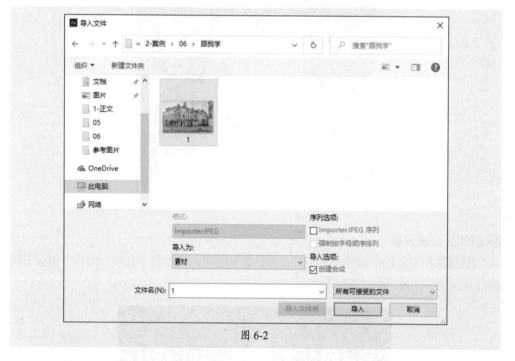

图 6-2

步骤 03 单击"导入"按钮即可将素材导入到"项目"面板中，并基于素材创建合成，如图6-3所示。

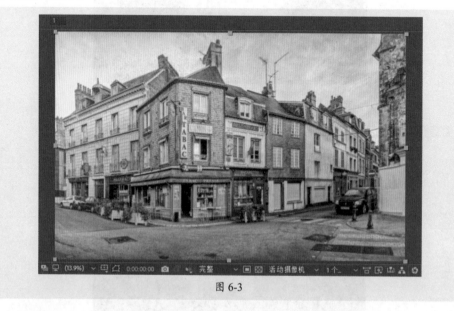

图 6-3

步骤 04 执行"合成"|"合成设置"命令，打开"合成设置"对话框，设置"持续时间"为0:00:05:00，如图6-4所示。

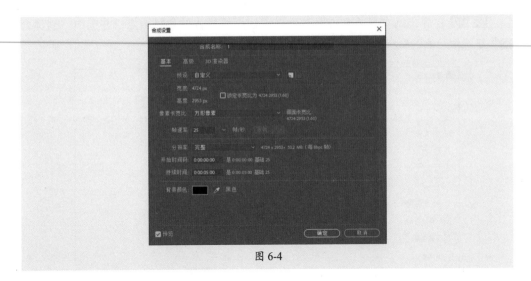

图 6-4

② 创建并设置蒙版

步骤 01 在工具栏中选择钢笔工具，选择素材图层，接着在"合成"面板中创建不规则形状的蒙版，如图6-5所示。

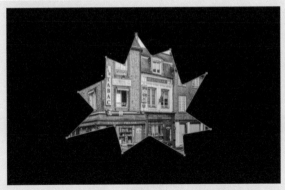

图 6-5

步骤 02 选择转换顶点工具，双击转换路径顶点，如图6-6所示。

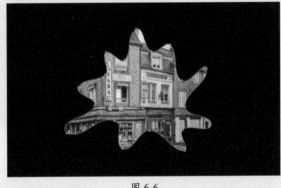

图 6-6

步骤 03 利用钢笔工具再绘制蒙版2~4，如图6-7所示。

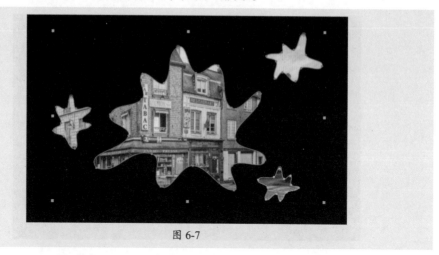

图 6-7

步骤 04 打开素材蒙版属性列表，设置蒙版1~4的"蒙版羽化"参数都为200.0，"合成"面板的效果如图6-8所示。

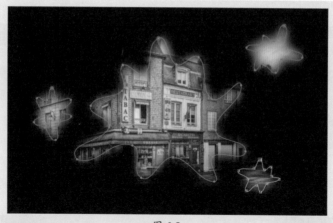

图 6-8

3. 制作关键帧动画

步骤 01 选择"蒙版1"，将时间线移动至0:00:00:00处，为"蒙版扩展"属性添加关键帧，并设置参数为-620.0像素，如图6-9所示。

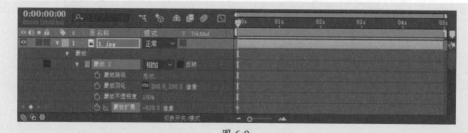

图 6-9

步骤 02 在"合成"面板中预览效果，如图6-10所示。

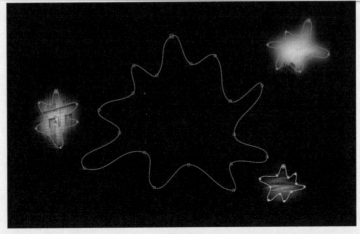

图 6-10

步骤 03 将时间线移动至终点，为"蒙版扩展"参数创建关键帧，并设置参数为1200.0像素，如图6-11所示。

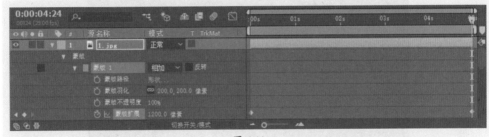

图 6-11

步骤 04 在"合成"面板中预览效果，如图6-12所示。

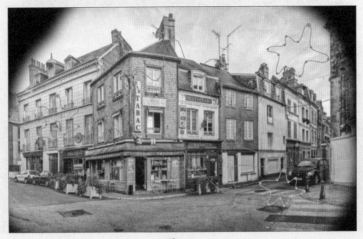

图 6-12

步骤 05 选择"蒙版2",将时间线移动至0:00:02:00处,为"蒙版扩展"属性添加关键帧,并设置参数为-100.0像素,如图6-13所示。

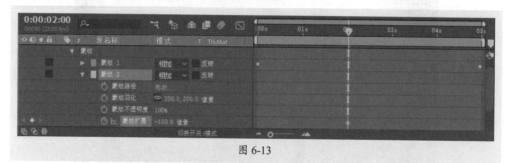

图 6-13

步骤 06 在"合成"面板中预览效果,如图6-14所示。

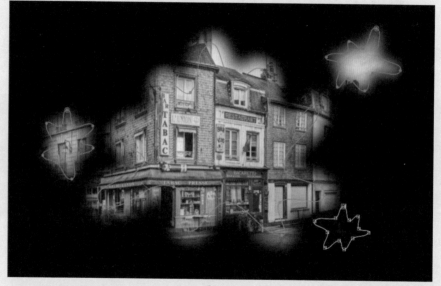

图 6-14

步骤 07 将时间线移动至末尾,为"蒙版扩展"属性添加关键帧,并设置参数为1000.0像素,如图6-15所示。

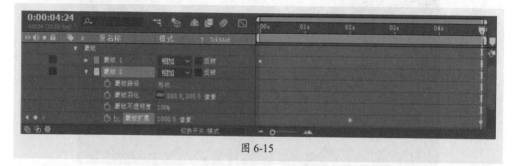

图 6-15

步骤 08 在"合成"面板中预览效果,如图6-16所示。

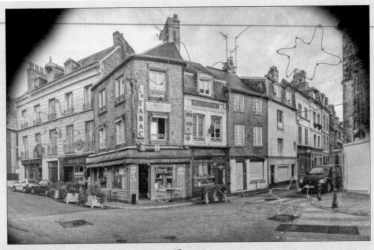

图 6-16

步骤 09 选择"蒙版3"，将时间线移动至0:00:02:10处，为"蒙版扩展"属性添加关键帧，并设置参数为-150.0像素，如图6-17所示。

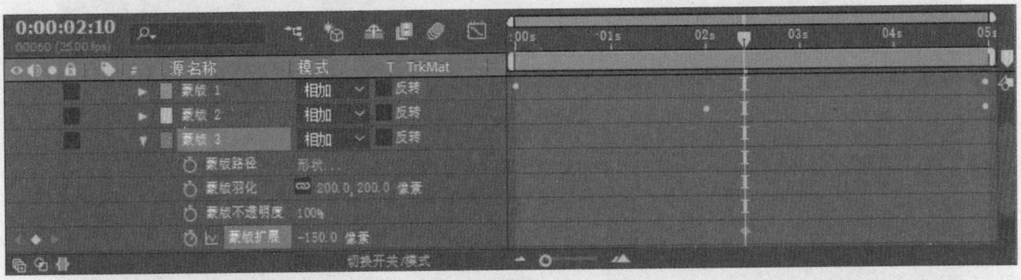

图 6-17

步骤 10 在"合成"面板中预览效果，如图6-18所示。

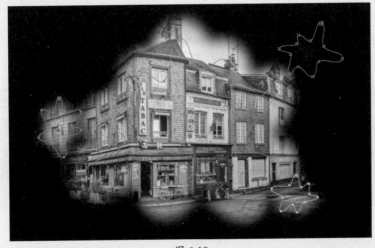

图 6-18

步骤 11 将时间线移动至末尾，为"蒙版扩展"属性添加关键帧，并设置参数为1000.0像素，如图6-19所示。

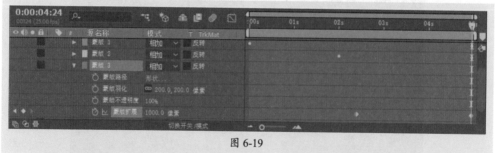

图 6-19

步骤 12 在"合成"面板中预览效果，如图6-20所示。

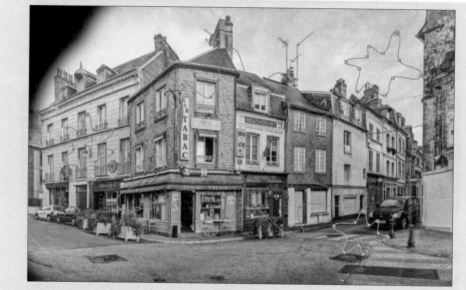

图 6-20

步骤 13 选择"蒙版4"，将时间线移动至0:00:01:20处，为"蒙版扩展"属性添加关键帧，并设置参数为-150.0像素，如图6-21所示。

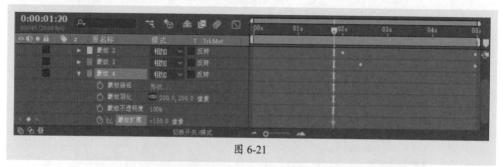

图 6-21

步骤 14 在"合成"面板中预览效果，如图6-22所示。

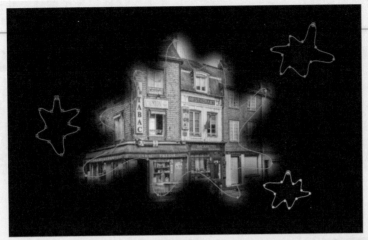

图 6-22

步骤15 将时间线移动至末尾，为"蒙版扩展"属性添加关键帧，并设置参数为1500.0像素，如图6-23所示。

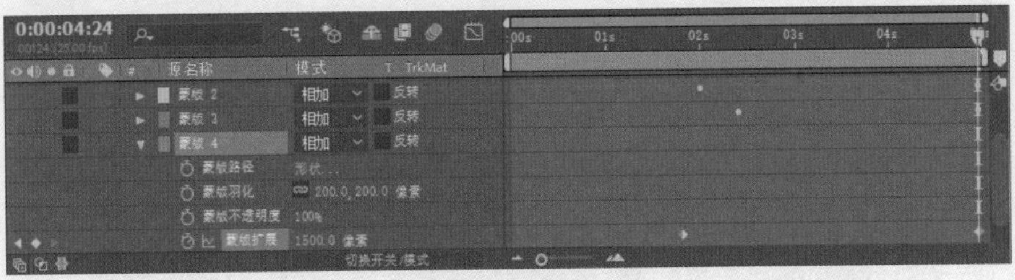

图 6-23

步骤16 在"合成"面板中预览效果，如图6-24所示。

步骤17 按空格键即可预览动画效果。

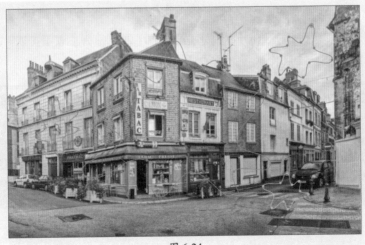

图 6-24

4. 保存项目文件

　　按Ctrl+S组合键，会打开"另存为"对话框，选择存储路径并输入项目名称，单击"保存"按钮即可保存项目文件，如图6-25所示。

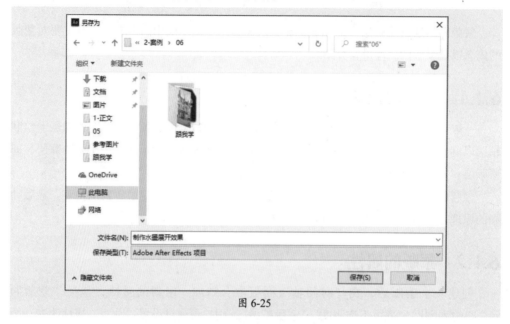

图 6-25

6.1 蒙版动画的原理

蒙版即指通过蒙版层中的图形或轮廓对象透出下面图层中的内容。本节主要对蒙版的概念以及蒙版的属性进行介绍。

6.1.1 蒙版的概念

一般来说，蒙版需要有两个层，而在After Effects CC中，可以在一个图像层上绘制轮廓以制作蒙版，看上去是一个层。但读者可以将其理解为两个层：一个是轮廓层，即蒙版层；另一个是被蒙版层，即蒙版下面的图像层。

蒙版层的轮廓形状决定了看到的图像形状，而被蒙版层决定了看到的内容。蒙版动画的原理是蒙版层做变化或是被蒙版层做运动。

6.1.2 蒙版的属性

创建一个蒙版后，在"时间轴"面板中会添加一组新的属性，包括"蒙版路径""蒙版羽化""蒙版不透明度""蒙版扩展"，用户可通过设置"蒙版"属性改变动画效果，如图6-26所示。

（1）蒙版的混合模式

在"蒙版1"右侧的下拉列表中提供了蒙版混合模式选项，包括无、相加、相减、交集、变亮、变暗和差值共7种，如图6-27所示。

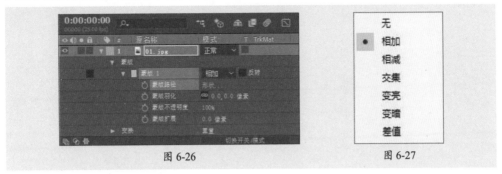

图 6-26　　　　　　　　　　　　　　图 6-27

下面将对其混合模式的属性进行详细介绍。

- **无**：选择此模式，路径不起蒙版作用，只作为路径存在，可进行描边、光线动画或路径动画等操作。
- **相加**：如果绘制的蒙版中有两个或两个以上的图形，选择此模式可看到两个蒙版以添加的形式显示效果。
- **相减**：选择此模式，蒙版的显示会变成镂空的效果。

- **交集**：两个蒙版都选择此模式，则两个蒙版产生交叉显示的效果。
- **变亮**：此模式对于可视范围区域，与"相加"模式相同。但对于重叠处的不透明度，则采用不透明度较高的值。
- **变暗**：此模式对于可视范围区域，与"相减"模式相同。但对于重叠处的不透明度，则采用不透明度较低的值。
- **差值**：两个蒙版都选择此模式，则两个蒙版产生交叉镂空的效果。

（2）路径属性

创建蒙版后，可能还需要对其大小进行修改。单击"蒙版路径"属性右侧的"形状"文字链接，会打开"蒙版形状"对话框，用户可在该对话框中修改蒙版的大小，利用"定界框"参数还可以确定蒙版路径的位置，如图6-28和图6-29所示。

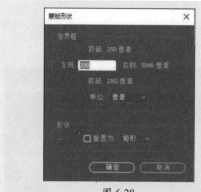

图 6-28

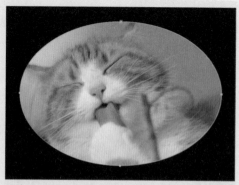

图 6-29

（3）羽化属性

通过设置"蒙版羽化"参数可以对蒙版的边缘进行柔化处理，制作出虚化边缘的效果。如图6-30和图6-31所示为不同羽化程度的效果。

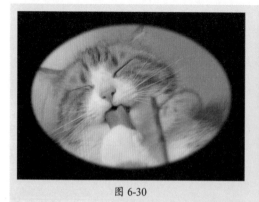

图 6-30

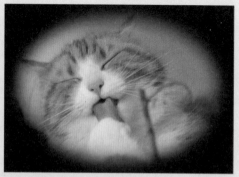

图 6-31

（4）不透明度属性

通过设置"蒙版不透明度"参数可以调整蒙版的不透明度，改变蒙版显示效果。如图6-32和图6-33所示为不同透明度参数的效果。

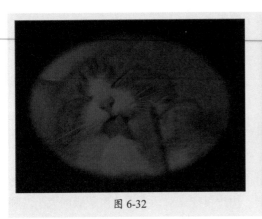
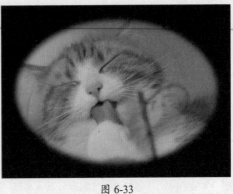

图 6-32   图 6-33

（5）扩展属性

蒙版的范围可以通过"蒙版扩展"参数来调整，当参数为正值时，蒙版范围向外扩展，如图6-34所示；当参数为负值时，蒙版范围向内收缩，如图6-35所示。

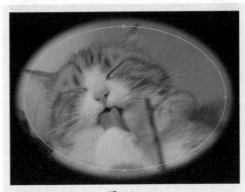
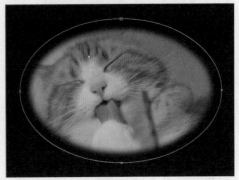

图 6-34   图 6-35

6.2 创建蒙版

After Effects CC提供了创建蒙版的多种方法，除了利用工具创建、输入数据创建之外，还可以使用第三方软件等方法创建蒙版。本节将详细介绍创建蒙版的相关知识及操作方法。

6.2.1 利用工具创建蒙版

利用工具面板中的工具创建蒙版，是After Effects CC中最常用的创建蒙版的方法。使用形状工具可以创建常见的几何形状，比如矩形、圆形、多边形、星形等；使用钢笔工具则可以绘制不规则形状或者开放路径。

1.创建规则蒙版

使用形状工具可以绘制出多种规则的几何形状蒙版，形状工具按钮位于工具栏中，包括"矩形工具""圆角矩形工具""椭圆工具""多边形工具"和"星形工具"五种工具。使用鼠标单击并按住工具图标，会展开其他工具选项，如图6-36所示。

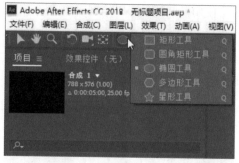
图 6-36

（1）矩形工具

使用矩形工具可以绘制出正方形、长方形等矩形形状蒙版。选择素材，在工具栏中选择矩形工具，在素材的合适位置单击并拖动鼠标至合适位置，释放鼠标即可得到矩形蒙版，如图6-37所示。

继续使用矩形工具，可以绘制出多个形状蒙版，如图6-38所示。如果按住Shift键的同时拖动鼠标，即可绘制出正方形的蒙版形状，如图6-39所示。

（2）圆角矩形工具

使用圆角矩形工具可以绘制出圆角矩形形状的蒙版，其绘制方法与矩形工具相同，效果如图6-40所示。

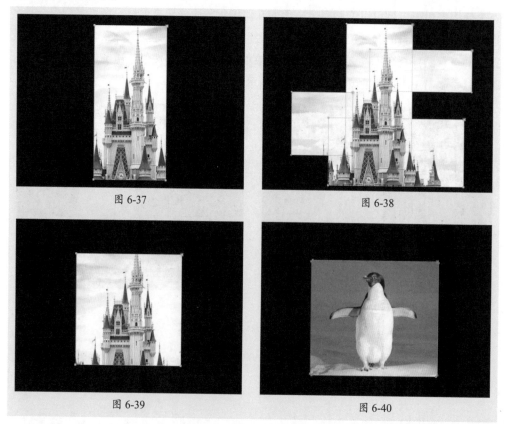

图 6-37

图 6-38

图 6-39

图 6-40

（3）椭圆工具

使用椭圆工具可以绘制出椭圆及正圆形状的蒙版，其绘制方法与矩形工具相同。选择素材，在工具栏中选择椭圆工具，在素材的合适位置单击并拖动鼠标至合适位置，释放鼠标即可得到椭圆蒙版，如图6-41所示。按住Shift键的同时拖动鼠标即可绘制出正圆的蒙版，如图6-42所示。

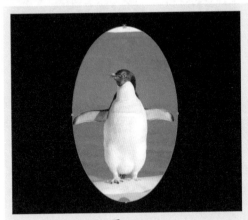
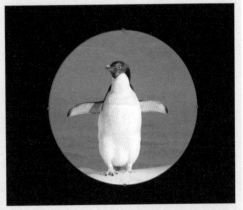

图 6-41　　　　　　　　　　　　　图 6-42

（4）多边形工具

使用多边形工具可以绘制多个边角的几何形状蒙版。选择素材，在工具栏中选择多边形工具，在素材的合适位置单击确认多边形的中心点，再拖动鼠标至合适位置，释放鼠标即可得到任意角度的多边形蒙版，效果如图6-43所示。按住Shift键的同时拖动鼠标则可以绘制出正多边形的蒙版，如图6-44所示。

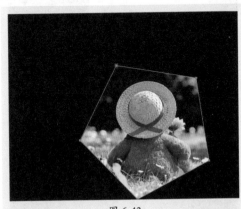
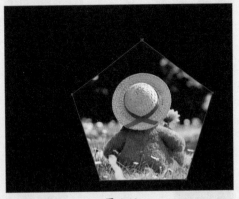

图 6-43　　　　　　　　　　　　　图 6-44

（5）星形工具

使用星形工具可以绘制出星星形状的蒙版，其使用方法与多边形工具相同，效果如图6-45和图6-46所示。

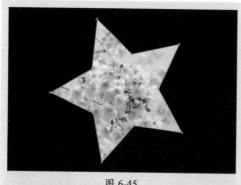

图 6-45

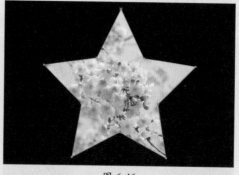

图 6-46

技巧点拨

　　绘制出形状蒙版后，按住Ctrl键即可移动蒙版位置。用户也可以使用选择工具或者使用键盘上的↑、↓、←、→键来调整蒙版位置。

2. 创建不规则蒙版

　　使用钢笔工具可以绘制不规则形状的蒙版。钢笔工具组中包括钢笔工具、添加"顶点"工具、删除"顶点"工具、转换"顶点"工具以及蒙版羽化工具，如图6-47所示。

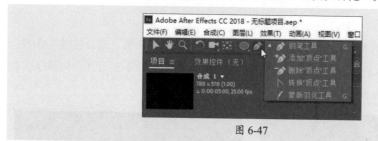

图 6-47

（1）钢笔工具

　　使用钢笔工具可以绘制任意形状蒙版。选择钢笔工具，在"合成"面板中依次单击创建锚点，当首尾相连时即完成蒙版的绘制，如图6-48和图6-49所示。

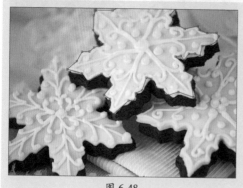

图 6-48

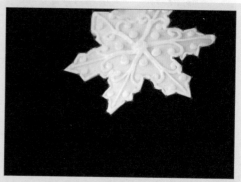

图 6-49

（2）添加"顶点"工具

使用添加"顶点"工具可以为蒙版路径添加锚点，以便更加精细地调整蒙版形状。选择添加"顶点"工具，在路径上单击即可添加锚点，将鼠标指针置于锚点上，按住即可拖动锚点位置，如图6-50和图6-51所示为添加锚点前后的蒙版效果。

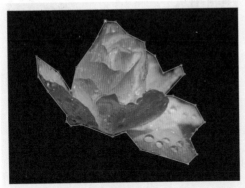 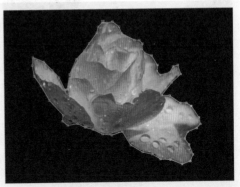

图 6-50　　　　　　　　　　　　　　　　图 6-51

（3）删除"顶点"工具

删除"顶点"工具的使用与添加"顶点"工具类似，不同的是该工具的功能是删除锚点。在删除某一锚点后，与该锚点相邻的两个锚点之间会形成一条直线路径。

（4）转换"顶点"工具

转换"顶点"工具可以使蒙版路径的控制点变成平滑或硬转角。选择转换"顶点"工具，在锚点上单击即可使锚点在平滑或硬转角之间转换，如图6-52和图6-53所示。使用转换"顶点"工具在路径上单击可以添加顶点。

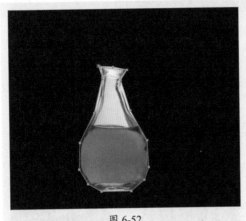 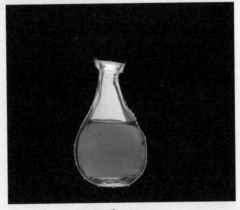

图 6-52　　　　　　　　　　　　　　　　图 6-53

（5）蒙版羽化工具

使用蒙版羽化工具可以调整蒙版边缘的柔和程度。选择蒙版羽化工具，单击并拖动锚点，即可柔化当前蒙版，效果如图6-54和图6-55所示。

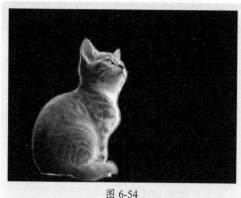
图 6-54

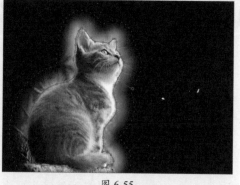
图 6-55

6.2.2 输入数据创建蒙版

通过输入数据可以精确地创建规则形状的蒙版，如长方形蒙版、圆形蒙版等。选择图层，单击鼠标右键，在弹出的快捷菜单中选择"蒙版"|"新建蒙版"命令，即可新建一个与合成等同尺寸的蒙版，如图6-56所示。

单击"蒙版路径"右侧的"形状"文字链接，会打开"蒙版形状"对话框，用户可以在该对话框中设置蒙版的大小、形状等参数，如图6-57所示。

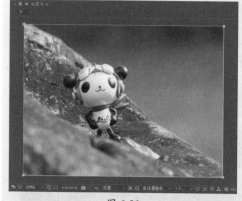
图 6-56

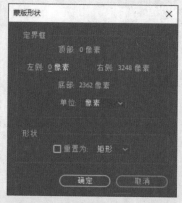
图 6-57

6.2.3 利用第三方软件创建蒙版

After Effects CC还可以应用从其他软件中引入的路径。在合成制作时，可以使用一些在路径创建方面更专业的软件创建路径，然后导入After Effects CC中为其所用。

如引用Photoshop中路径上的所有点，执行"编辑"|"复制"命令，然后切换至After Effects CC中，选择要设置蒙版的层，执行"编辑"|"粘贴"命令，即可完成蒙版的引用。

自己练／制作望远镜效果

案例路径 云盘/实例文件/第6章/自己练/制作望远镜效果

项目背景 使用After Effects CC创建蒙版的方法有多种，利用钢笔工具可以创建出不规则样式的蒙版，利用形状工具则可以创建出各种规则图案的蒙版，如矩形、椭圆形、星形等。使用椭圆工具时按住Shift键即可绘制出正圆形蒙版。

项目要求 ①选择有主体人物或动物的背景素材。

②模拟出望远镜镜头缩放、移动及从模糊到清晰的效果。

③根据素材创建合成。

项目分析 在图像素材图层上方创建一个纯色图层，将蒙版工具应用在纯色图层上，利用关键帧表现镜头从小到大、从模糊到清晰的动画效果。再利用素材图层的"位置"和"缩放"属性制作出镜头移动并放大的效果，如图6-58所示。

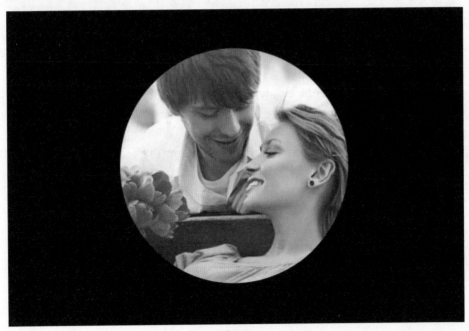

图 6-58

课时安排 2课时。

第**7**章

内置滤镜特效详解

本章概述

在影视作品中，一般都离不开特效的使用。通过添加滤镜特效，可以为视频文件添加特殊的处理，使其产生丰富的视频效果。常用的内置滤镜特效包括"生成"滤镜组、"风格化"滤镜组、"模糊和锐化"滤镜组、"透视"滤镜组、"过渡"滤镜组等效果。本章将为读者详细介绍常用内置滤镜特效的应用和特点。

要点难点

- "生成"滤镜的设置与应用 ★★★
- "风格化"滤镜的设置与应用 ★☆☆
- "模糊和锐化"滤镜的设置与应用 ★★★
- "透视"滤镜的设置与应用 ★☆☆
- "过渡"滤镜的设置与应用 ★★☆

跟我学 制作玻璃写字动画 /////////////////////

学习目标 After Effects CC中的内置滤镜有很多，可以模拟出渐变、模糊、水滴等各种效果，以满足不同的视觉需求。本案例将利用"高斯模糊"效果制作背景，利用CC Mr. Mercury效果模拟玻璃上的水珠，最后结合轨道遮罩制作出玻璃上透明文字的效果，可以让读者更好地了解内置滤镜特效的应用方法。

效果预览

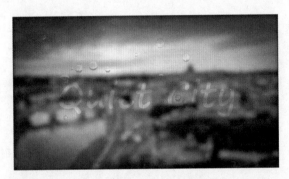

案例路径 云盘/实例文件/第7章/跟我学/制作玻璃写字动画

1. 新建合成并导入素材

步骤 01 在"项目"面板中单击鼠标右键，在弹出的快捷菜单中选择"新建合成"命令，或者单击"项目"面板底部的"新建合成"按钮，如图7-1所示。

步骤 02 在弹出的"合成设置"对话框中设置相应参数，如图7-2所示。

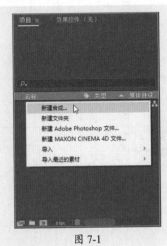

图 7-1

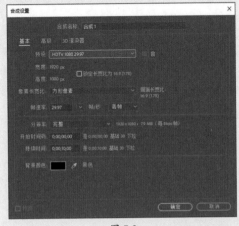

图 7-2

步骤 03 执行"文件"|"导入"|"文件"命令，或按Ctrl+I组合键，如图7-3所示。

步骤 04 在弹出的"导入文件"对话框中选择素材1.jpg，如图7-4所示。

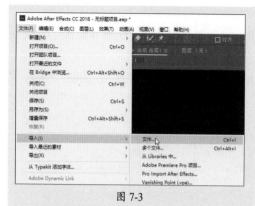

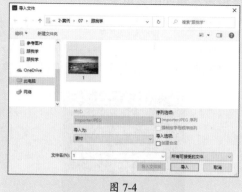

图 7-3　　　　　　　　　　　　　　　　　　　图 7-4

步骤 05 单击"确定"按钮，将"项目"面板中的素材拖至"时间轴"面板，此时可以在"合成"面板中看到素材显示效果，如图7-5所示。

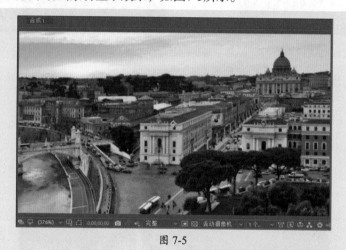

图 7-5

步骤 06 按Ctrl+Shift+Alt+H组合键，使素材适应合成尺寸的宽度，如图7-6所示。

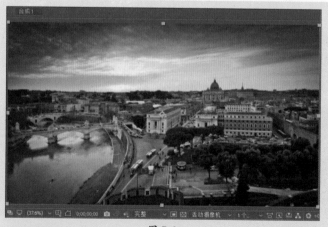

图 7-6

2. 设置水滴动画效果

步骤 01 选择素材1.jpg图层，在"效果和预设"面板中展开"模糊和锐化"效果列表，选择"高斯模糊"效果，如图7-7所示。

步骤 02 在"效果控件"面板中设置"高斯模糊"效果的"模糊度"，如图7-8所示。

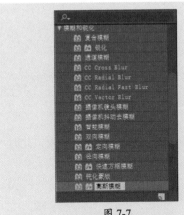

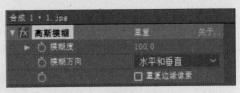

| 图 7-7 | 图 7-8 |

步骤 03 完成上述操作，即可在"合成"面板中预览效果，如图7-9所示。

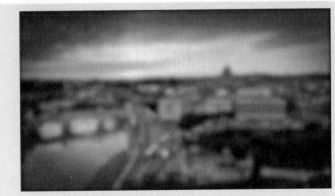

图 7-9

步骤 04 选择素材1.jpg图层，按Ctrl+D组合键复制一个新的图层，并重命名为"水滴"，如图7-10所示。

步骤 05 删除"水滴"图层的"高斯模糊"效果，如图7-11所示。

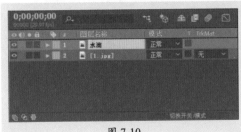

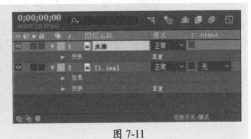

| 图 7-10 | 图 7-11 |

步骤 06 选择"水滴"图层，在"效果和预设"面板中展开"模拟"效果列表，选择 CC Mr. Mercury效果，如图7-12所示。

步骤 07 在"效果控件"面板中设置相关参数，如图7-13所示。

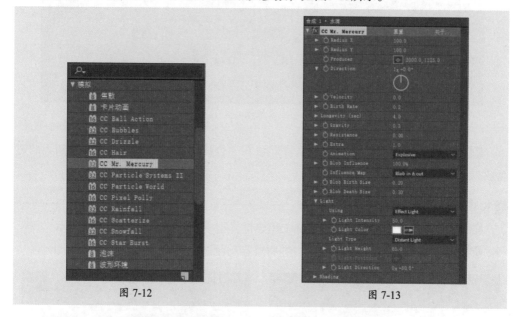

图 7-12　　　　　　　　　　　图 7-13

步骤 08 设置完成后即可预览效果，如图7-14所示。

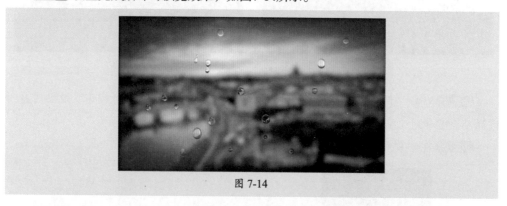

图 7-14

步骤 09 展开"水滴"图层下的"变换"属性，移动时间线至0:00:00:00处，为"不透明度"属性添加第一个关键帧，设置参数为100%，如图7-15所示。

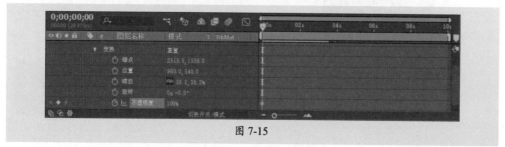

图 7-15

步骤10 移动时间线至0:00:05:00处，为"不透明度"属性添加第二个关键帧，设置参数为0%，如图7-16所示。

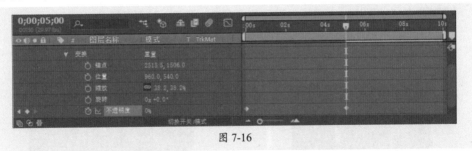

图 7-16

步骤11 完成上述操作后，按空格键即可在"合成"面板中预览水滴从有到无的过渡效果。

3. 设置水蒸气文字效果

步骤01 选择素材1.jpg图层，按Ctrl+D组合键复制一个新的图层，如图7-17所示。

步骤02 将图层重命名为"调整"，并将其移动至图层列表顶部，如图7-18所示。

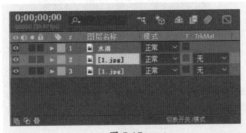

图 7-17　　　　　　　　　　　　　　图 7-18

步骤03 选择"调整"图层，在"效果和预设"面板中展开"颜色校正"效果列表，选择"亮度和对比度"命令，如图7-19所示。

步骤04 在"效果控件"面板中设置相关参数，如图7-20所示。

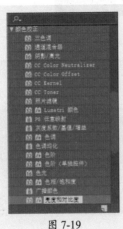

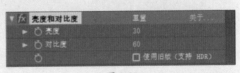

图 7-19　　　　　　　　　　　　　　图 7-20

步骤 05 完成上述操作后即可在"合成"面板中预览效果，如图7-21所示。

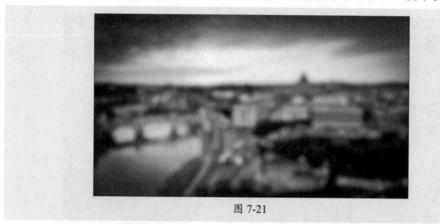

图 7-21

步骤 06 在工具栏中选择横排文字工具，在"合成"面板中输入文字"Quiet City"，如图7-22所示。

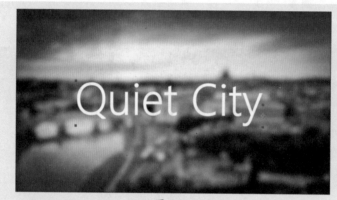

图 7-22

步骤 07 在"字符"面板中设置字体、字体大小等参数，如图7-23所示。

步骤 08 在"对齐"面板中依次单击"水平居中对齐"按钮和"垂直居中对齐"按钮，如图7-24所示。

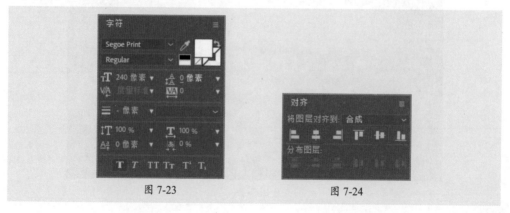

图 7-23　　　　　　　　　图 7-24

步骤 09 设置完成后即可在"合成"面板中看到效果，如图7-25所示。

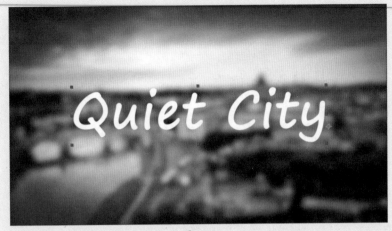

图 7-25

步骤 10 选择"调整"图层，设置"轨道遮罩"为"亮度遮罩'Quiet City'"，如图7-26所示。

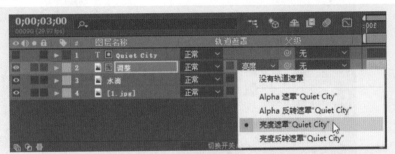

图 7-26

步骤 11 完成上述操作后即可预览效果，如图7-27所示。

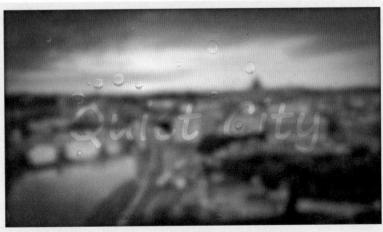

图 7-27

步骤 12 展开文本图层下的"变换"属性组，将时间线拖至0:00:04:00处，添加第一个关键帧，并设置"不透明度"为0%，如图7-28所示。

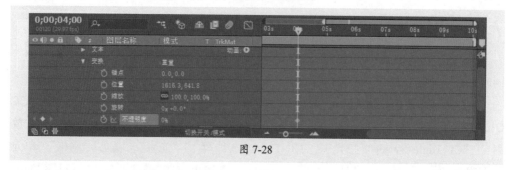

图 7-28

步骤 13 将时间线移动至0:00:08:00处，添加第二个关键帧，并设置"不透明度"为100%，如图7-29所示。

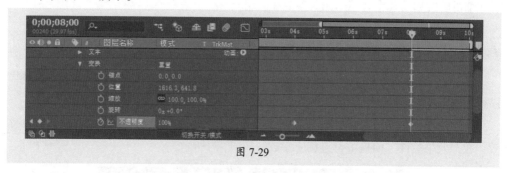

图 7-29

步骤 14 完成上述操作后即可预览最终动画效果。

4. 保存项目文件

按Ctrl+S组合键，打开"另存为"对话框，选择存储路径并输入项目名称，单击"保存"按钮即可保存项目文件，如图7-30所示。

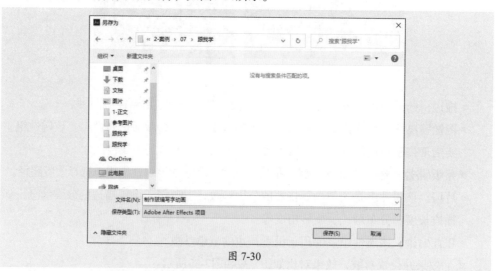

图 7-30

听 我 讲 ▷ Listen to me

7.1 "生成"滤镜组

"生成"特效的主要功能是为图像添加各种各样的填充或纹理，如圆形、渐变等，同时也可以通过添加音频来制作特效。

"生成"滤镜组主要包括"圆形""分形""椭圆""吸管填充""镜头光晕""CC Glue Gun（喷胶枪）""CC Light Burst2.5（光线缩放2.5）""CC Light Rays（光线放射）""CC Light Sweep（扫光）""CC Threads（线程）""光束""填充""网格""单元格图案""写入""勾画""四色渐变""描边""无线电波""梯度渐变""棋盘""油漆桶""涂写""音频波形""音频频谱"以及"高级闪电"共26个滤镜特效。本节将为读者详细讲解常用的几个滤镜的相关参数和应用。

7.1.1 "勾画"滤镜特效

"勾画"滤镜特效能够在画面上刻画出物体的边缘，甚至可以按照蒙版路径的形状进行刻画。如果已经手动绘制出图像的轮廓，添加该特效后将会直接刻画该图像。

选中图层，在"效果和预设"面板中展开"生成"效果列表，双击"勾画"滤镜特效，在"效果控件"面板中设置相应参数，如图7-31所示。

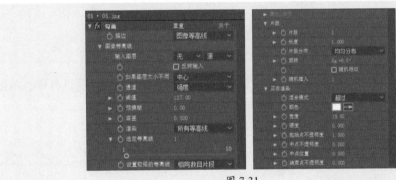

图 7-31

- **描边：**选择描边的方式。包括"图像等高线"和"蒙版/路径"两种。
- **图像等高线：**设置描边方式为"图像等高线"时，会激活该属性组。该属性组主要用于控制描边的细节，如描边对象、产生描边的通道等属性。
- **蒙版/路径：**选择"蒙版/路径"描边方式时，会激活该属性，用于选择蒙版路径。
- **片段：**该属性组是"勾画"特效的公用参数，主要用于设置描边的分段信息，如描边长度、分布形式、旋转角度等。
- **正在渲染：**该属性组主要用于设置描边的渲染参数。

添加效果并设置参数，效果对比如图7-32和图7-33所示。

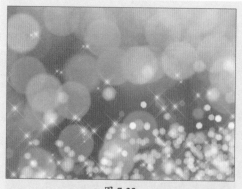

图 7-32

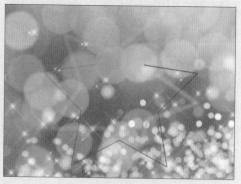

图 7-33

7.1.2 "梯度渐变"滤镜特效

"梯度渐变"滤镜特效可以用来创建色彩过渡的效果，应用频率十分高。选中图层，从"效果和预设"面板中展开"生成"特效列表，选择"梯度渐变"滤镜并将其拖至选中的图层上，即可添加滤镜特效，在"效果控件"面板中可以修改相关参数，如图7-34所示。

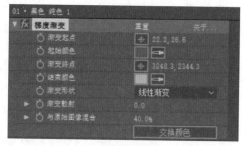

图 7-34

- **渐变起点/终点**：设置渐变的起点和终点位置。
- **起始/结束颜色**：设置渐变开始/结束位置的颜色。
- **渐变形状**：设置渐变的类型，包括线性渐变和径向渐变。
- **渐变散射**：设置渐变颜色的颗粒效果或扩散效果。
- **与原始图像混合**：设置与源图像融合的百分比。

完成上述操作后，观看效果对比如图7-35和图7-36所示。

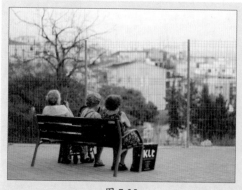

图 7-35

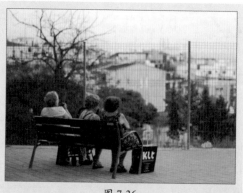

图 7-36

7.1.3 "四色渐变"滤镜特效

"四色渐变"滤镜特效在一定程度上弥补了"渐变"滤镜在颜色控制方面的不足。选中图层，在"效果和预设"面板中展开"生成"特效列表，选择"四色渐变"滤镜并将其拖至选中的图层上，即可添加滤镜特效，在"效果控件"面板中可以修改相关参数，如图7-37所示。

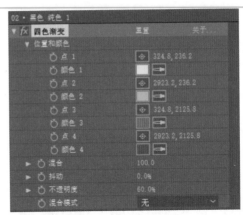

图 7-37

- **位置和颜色**：设置4种渐变颜色的位置和颜色。
- **混合**：设置4种颜色之间的融合度。
- **抖动**：设置颜色的颗粒效果或扩展效果。
- **不透明度**：设置四色渐变效果的不透明度。
- **混合模式**：设置四色渐变与源图层的图层叠加模式。

完成上述操作后，观看效果对比如图7-38和图7-39所示。

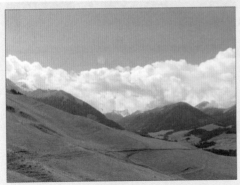

图 7-38

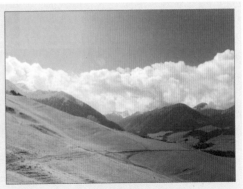

图 7-39

7.2 "风格化"滤镜组

"风格化"主要是通过修改、置换原图像像素和改变图像的对比度等操作来为素材添加不同效果的特效。

"风格化"滤镜组主要包括"阈值""画笔描边""卡通""散布""CC Block Load（方块装载）""CC Burn Film（胶片灼烧）""CC Glass（玻璃）""CC HexTile（六边形拼贴）""CC Kaleida（万花筒）""CC Mr. Smoothie（像素溶解）""CC Plastic（塑料）""CC RepeTile（重复拼贴）""CC Threshold（阈值）""CC Threshold RGB（阈值RGB）""CC Vignette（暗角）""彩色浮雕""马赛克""浮雕""色调分离""动态拼

贴""发光""查找边缘""毛边""纹理化"及"闪光灯"共25个滤镜特效。本节将为读者详细讲解"画笔描边""动态拼贴"和"马赛克"滤镜的相关参数和应用。

7.2.1 "画笔描边"滤镜特效

使用"画笔描边"滤镜特效可以将粗糙的绘画外观应用到图像,用户可以使用该滤镜实现点描画法的效果。

选择图层,执行"效果"|"风格化"|"画笔描边"命令,打开"效果控件"面板,在该面板中用户可以设置相关参数,如图7-40所示。

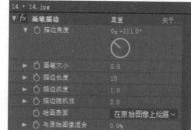

图 7-40

- **描边角度:** 设置描边方向。系统会按此方向有效转移图像,可能会发生一些图层边界修剪情况。

- **画笔大小:** 设置笔刷大小,以像素为单位。

- **描边长度:** 设置每个描边的最大长度,以像素为单位。

- **描边浓度:** 浓度较高,可能会导致笔刷描边重叠。

- **描边随机性:** 创建不一致的描边。

- **绘画表面:** 指定应用笔刷描边的位置。

- **与原始图像混合:** 设置效果图像的透明度。效果图像与原始图像混合的结果,并合成效果图像结果。

完成上述操作后,观看效果对比如图7-41和图7-42所示。

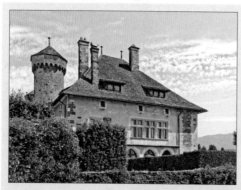

图 7-41

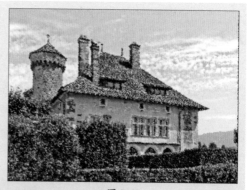

图 7-42

7.2.2 "动态拼贴"滤镜特效

选择图层,执行"效果"|"风格化"|"动态拼贴"命令,打开"效果控件"面板,在该面板中用户可以设置相关参数,如图7-43所示。

- **拼贴中心:** 主要拼贴的中心。

- **拼贴宽度、拼贴高度**：设置拼贴的尺寸，显示为输入图层尺寸的百分比。

- **输出宽度、输出高度**：设置输出图像的尺寸，显示为输入图层尺寸的百分比。

- **镜像边缘**：翻转邻近拼贴，以形成镜像图像。

- **相位**：拼贴的水平或垂直位移。

- **水平位移**：使拼贴水平（而非垂直）位移。

添加效果并设置参数，效果对比如图7-44和图7-45所示。

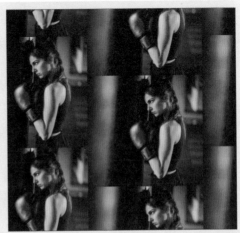

图 7-43

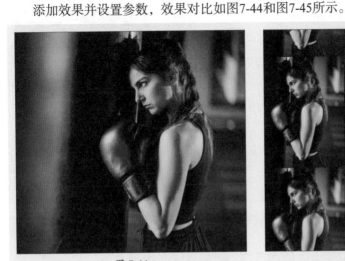

图 7-44　　　　　　　　　　　　图 7-45

7.2.3 "马赛克"滤镜特效

使用"马赛克"滤镜特效可以将画面分成若干个网格，每一格都用本格内所有颜色的平均色进行填充，使画面产生分块式的马赛克效果。

选中图层，在"效果和预设"面板中展开"风格化"特效列表，选择"马赛克"滤镜并将其拖至选中的图层上，即可添加该滤镜特效，在"效果控件"面板中可以修改相关参数，如图7-46所示。

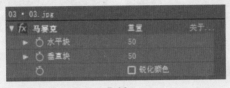

7-46

- **水平块**：设置水平方向块的数量。
- **垂直块**：设置垂直方向块的数量。

完成上述操作后，观看效果对比如图7-47和图7-48所示。

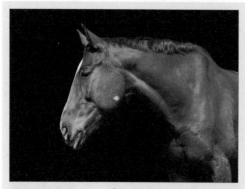

图 7-47

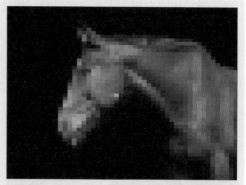

图 7-48

7.3 "模糊和锐化"滤镜组

"模糊和锐化"滤镜特效主要用于调整素材的清晰或模糊程度，可以根据不同的用途对素材的不同区域或者不同图层进行模糊或锐化调整。

"模糊和锐化"滤镜组主要包括"复合模糊""锐化""通道模糊""CC Cross Blur（交叉模糊）""CC Radial Blur（放射模糊）""CC Radial Fast Blur（快速放射模糊）""CC Vector Blur（矢量模糊）""摄像机镜头模糊""摄像机抖动去模糊""智能模糊""双向模糊""定向模糊""径向模糊""快速方框模糊""钝化蒙版"以及"高斯模糊"16个滤镜特效。本节将为读者详细讲解"快速方框模糊""摄像机镜头模糊"和"径向模糊"滤镜的相关参数和应用。

7.3.1 "快速方框模糊"滤镜特效

"快速方框模糊"滤镜特效经常用于模糊和柔化图像，去除画面中的杂点。选中图层，在"效果和预设"面板中展开"模糊和锐化"特效列表，选择"快速方框模糊"滤镜并将其拖至选中的图层上，即可添加该滤镜特效，在"效果控件"面板中可以修改相关参数，如图7-49所示。

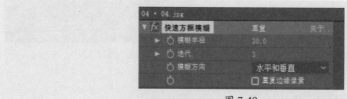

图 7-49

- **模糊半径：**设置弧面的模糊强度。
- **迭代：**重复计算次数。

● **模糊方向：** 设置图像模糊的方向，包括水平和垂直、水平、垂直3种。

● **重复边缘像素：** 主要用来设置图像边缘的模糊。

完成上述操作后，观看效果对比如图7-50和图7-51所示。

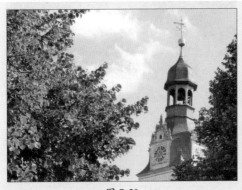
图 7-50

图 7-51

7.3.2 "摄像机镜头模糊"滤镜特效

"摄像机镜头模糊"滤镜特效可以用来模拟不在摄像机聚焦平面内物体的模糊效果。选中图层，在"效果和预设"面板中展开"模糊和锐化"特效列表，选择"摄像机镜头模糊"滤镜并将其拖至选中的图层上，即可添加该滤镜特效，在"效果控件"面板中可以修改相关参数，如图7-52所示。

● **模糊半径：** 设置镜头模糊的半径大小。

● **光圈属性：** 设置摄像机镜头的属性。

● **形状：** 用来控制摄像机镜头的形状。

● **圆度：** 用来设置镜头的圆滑度。

● **长宽比：** 用来设置镜头的画面长宽的比率。

● **旋转：** 用来设置镜头光圈的旋转度。

● **衍射条纹：** 创建围绕光圈边缘的光环，以
此模拟集中在光圈叶片边缘周围的曲光。

● **图层：** 指定设置镜头模糊的参考图层。

● **声道：** 指定模糊图像的图层通道。

● **位置：** 指定模糊图像的位置。

● **模糊焦距：** 指定模糊图像焦点的距离。

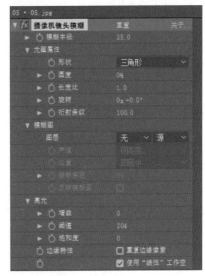
图 7-52

● **反转模糊图：** 用来反转图像的焦点。

● **增益：** 用来设置图像的增益值。

● **阈值：** 用来设置图像的容差值。

● **饱和度：** 用来设置图像的饱和度。

● **边缘特性**：用来设置图像边缘模糊的重复值。

完成上述操作后，观看效果对比如图7-53和图7-54所示。

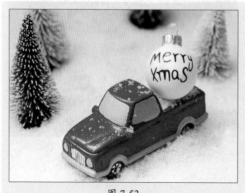 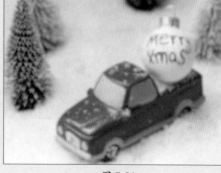

图 7-53   图 7-54

7.3.3 "径向模糊"滤镜特效

"径向模糊"滤镜特效围绕自定义的一个点产生模糊效果，常用来模拟镜头的推拉和旋转效果。选中图层，在"效果和预设"面板中展开"模糊和锐化"特效列表，选择"径向模糊"滤镜并将其拖至选中的图层上，即可添加该滤镜特效，在"效果控件"面板中可以修改相关参数，如图7-55所示。

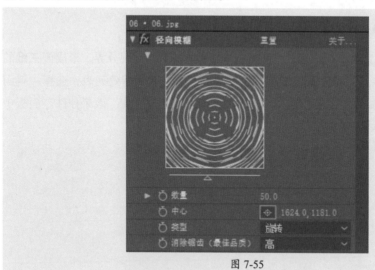

图 7-55

● **数量**：设置径向模糊的强度。

● **中心**：设置径向模糊的中心位置。

● **类型**：设置径向模糊的样式，包括旋转、缩放两种样式。

● **消除锯齿**：设置图像的质量，包括低和高两种选择。

完成上述操作后，观看效果对比如图7-56和图7-57所示。

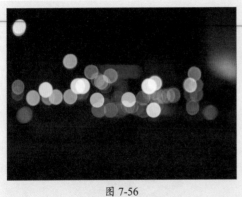

图 7-56

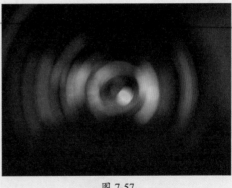

图 7-57

7.4 "透视" 滤镜组

"透视"是专门对素材进行各种三维透视变化的一组滤镜特效。"透视"滤镜组主要包括"3D眼镜""3D摄像机跟踪器""CC Cylinder（圆柱体）""CC Environment（环境）""CC Sphere（球体化）""CC Spotlight（聚光灯）""径向阴影""投影""斜面Alpha""边缘斜面"共10个滤镜特效。本节将为读者详细讲解"斜面Alpha"和"投影"滤镜的相关参数和应用。

7.4.1 "斜面Alpha" 滤镜特效

"斜面Alpha"滤镜特效可以通过二维的Alpha通道使图像出现分界，形成假三维的倒角效果。选中图层，在"效果和预设"面板中展开"透视"特效列表，选择"斜面Alpha"滤镜并将其拖至选中的图层上，即可添加该滤镜特效，在"效果控件"面板中可以修改相关参数，如图7-58所示。

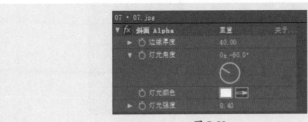

图 7-58

- **边缘厚度：** 用来设置图像边缘的厚度效果。
- **灯光角度：** 用来设置灯光照射的角度。
- **灯光颜色：** 用来设置灯光照射的颜色。
- **灯光强度：** 用来设置灯光照射的强度。

完成上述操作后，观看效果对比如图7-59和图7-60所示。

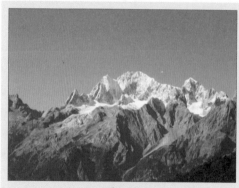
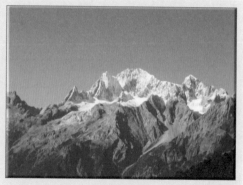

图 7-59   图 7-60

7.4.2 "投影"滤镜特效

"投影"滤镜特效所产生的图像阴影形状是由图像的Alpha通道所决定的。选中图层，在"效果和预设"面板中展开"透视"特效列表，选择"投影"滤镜并将其拖至选中的图层上，即可添加该滤镜特效，在"效果控件"面板中可以修改相关参数，如图7-61所示。

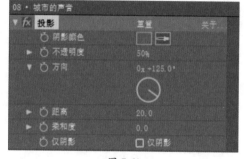

- **阴影颜色**：设置图像阴影的颜色效果。
- **不透明度**：设置图像阴影的透明效果。
- **方向**：设置图像的阴影方向。

图 7-61

- **距离**：设置图像阴影到图像的距离。
- **柔和度**：设置图像阴影的柔化效果。
- **仅阴影**：用来设置单独显示图像的阴影效果。

完成上述操作后，观看效果对比如图7-62和图7-63所示。

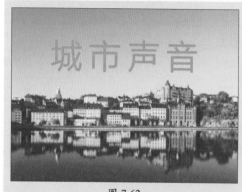
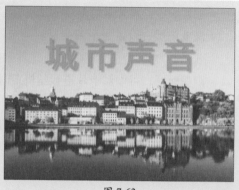

图 7-62   图 7-63

7.5 "过渡"滤镜组

After Effects CC的过渡特效可以为图层添加特殊效果并实现转场过渡，可以让图像和视频展示出神奇的视觉效果。

"过渡"滤镜组主要包括"渐变擦除""卡片擦除"、CC Glass Wipe、CC Grid Wipe、CC Image Wipe、CC Jaws、CC Light Wipe、CC Line Sweep、CC Redial ScaleWipe、CC Twister、CC WarpoMatic、"光圈擦除""块溶解""百叶窗""径向擦除""线性擦除"共16个滤镜特效。本节将为读者详细讲解"卡片擦除"和"百叶窗"滤镜的相关参数和应用。

7.5.1 "卡片擦除"滤镜特效

"卡片擦除"滤镜特效可以模拟卡片的翻转并通过擦除切换到另一个画面。选中图层，在"效果和预设"面板中展开"过渡"特效列表，选择"卡片擦除"滤镜并将其拖至选中的图层上，即可添加该滤镜特效，在"效果控件"面板中可以修改相关参数，如图7-64所示。

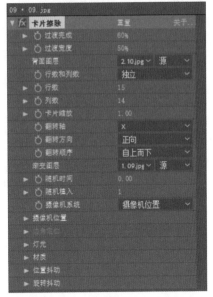

- **过渡完成**：控制转场完成的百分比。
- **过渡宽度**：控制卡片擦拭宽度。
- **背面图层**：在下拉列表中设置一个与当前层进行切换的背景。
- **行数**：设置卡片行的值。
- **列数**：设置卡片列的值。
- **卡片缩放**：控制卡片的尺寸大小。
- **翻转轴**：在下拉列表中设置卡片翻转的坐标轴方向。
- **翻转方向**：在下拉列表中设置卡片翻转的方向。
- **翻转顺序**：设置卡片翻转的顺序。
- **渐变图层**：设置一个渐变层影响卡片切换效果。

图 7-64

- **随机时间**：可以对卡片进行随机定时设置。
- **随机植入**：设置卡片以随机度切换。
- **摄像机系统**：控制用于滤镜的摄像机系统。
- **位置抖动**：可以对卡片的位置进行抖动设置，使卡片产生颤动的效果。
- **旋转抖动**：可以对卡片的旋转进行抖动设置。

完成上述操作后，调整"过渡完成"参数即可看到过渡前后的效果，如图7-65和图7-66所示。

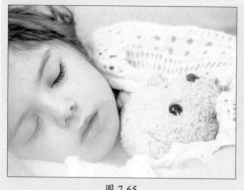

图 7-65

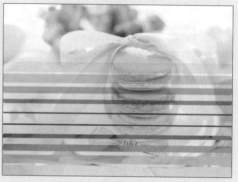

图 7-66

7.5.2 "百叶窗"滤镜特效

"百叶窗"滤镜特效通过分割的方式对图像进行擦拭。选中图层，在"效果和预设"面板中展开"过渡"特效列表，选择"百叶窗"滤镜并将其拖至选中的图层上，即可添加该滤镜特效，在"效果控件"面板中可以修改相关参数，如图7-67所示。

- **过渡完成**：控制转场完成的百分比。
- **方向**：控制擦拭的方向。
- **宽度**：设置分割的宽度。
- **羽化**：控制分割边缘的羽化。

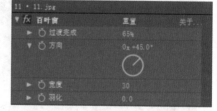

图 7-67

完成上述操作后，调整"过渡完成"参数即可看到过渡前后的效果，如图7-68和图7-69所示。

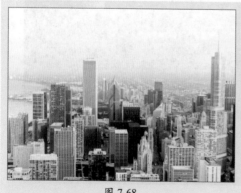

图 7-68

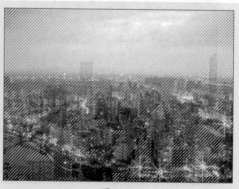

图 7-69

自己练／制作烟雾文字动画

案例路径 云盘/实例文件/第7章/自己练/制作烟雾文字动画

项目背景 文字或物体化作烟雾并逐渐消失的效果在特效动画中的应用较为频繁，常结合模糊特效、"分形杂色"效果以及蒙版使用。想要使烟雾效果浮于背景之上，则需要使用到多个合成，使背景和特效成为独立的个体。

项目要求 ①选择一个PSD文件作为素材进行导入操作。

②调整素材使其适合新的合成。

③合成大小为1920像素×1080像素。

项目分析 创建两个合成，一个用于制作烟雾效果，一个放置素材图像。为纯色图层添加"分形杂色""色阶""曲线"特效，制作出对比强烈的烟雾效果，再利用蒙版制作过渡动画。创建一个总合成，为素材图像的合成添加"复合模糊""置换图""发光"以及"线性擦除"特效，再为"线性擦除"特效创建关键帧动画，最终效果如图7-70所示。

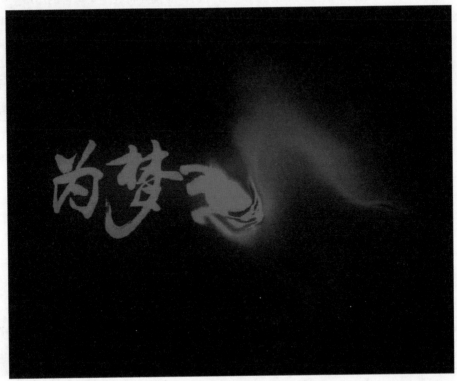

图 7-70

课时安排 4课时。

第8章

仿真粒子特效详解

本章概述

　　粒子效果是After Effects CC中常用的一种效果，它可以快速地模拟出云雾、火焰、下雪等效果，而且可以制作出空间感和奇幻感的画面效果，主要用来渲染画面的气氛，让画面看起来更加美观、震撼、迷人。根据粒子的不同属性和应用领域，主要的粒子效果包括"碎片""粒子运动场""CC Particle World（CC粒子世界）"和滤镜插件Particular（粒子）、Form（形状）效果。

要点难点

- 内置粒子特效 ★★☆
- "Particular（粒子）"特效 ★★★
- "Form（形状）"特效 ★★★

跟我学 制作舞动粒子效果

学习目标 粒子特效在影视栏目包装以及广告制作中的应用极其广泛，对视觉场景的表现力起着极为重要的作用，如视频场景中的烟花、星光、雪花等效果。在本案例中会利用"镜头光晕""梯度渐变""Form（形态）""斜面Alpha"和"投影"等特效来制作舞动粒子效果。

效果预览

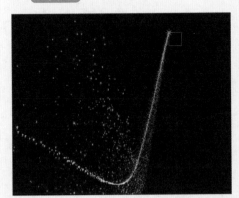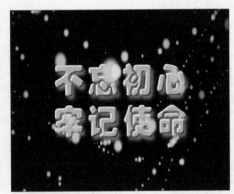

案例路径 云盘/实例文件/第8章/跟我学/制作舞动粒子效果

1. 新建合成并创建图层

步骤 01 在"项目"面板中单击鼠标右键，在弹出的快捷菜单中选择"新建合成"命令，如图8-1所示。

步骤 02 打开"合成设置"对话框，设置预设类型为"PAL D1/DV宽银幕"，"持续时间"为0:00:06:00，如图8-2所示。单击"确定"按钮完成新建合成。

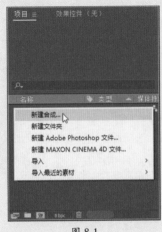

图 8-1

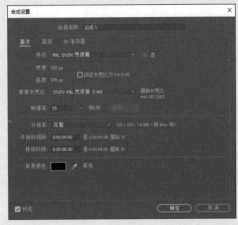

图 8-2

步骤 03 在"时间轴"面板中单击鼠标右键，在弹出的快捷菜单中选择"新建"|"灯光"命令，如图8-3所示。

步骤 04 在弹出的"灯光设置"对话框中设置灯光类型、灯光强度等参数，然后单击"确定"按钮关闭对话框，如图8-4所示。

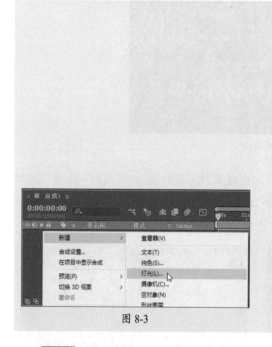

图 8-3

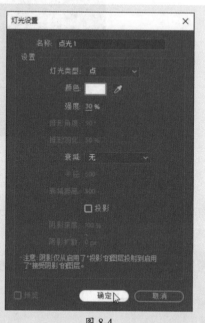

图 8-4

步骤 05 在"时间轴"面板中单击鼠标右键，在弹出的快捷菜单中选择"新建"|"空对象"命令，如图8-5所示。

步骤 06 创建一个空图层，可在"合成"面板中预览效果，如图8-6所示。

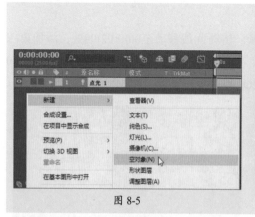

图 8-5

图 8-6

2. 设置 Particular 特效

步骤 01 选择"空1"图层，在菜单栏中执行"图层"|"3D图层"命令，将其转换为三维图层，在"合成"面板中可以看到三维图层特有的坐标轴，如图8-7所示。

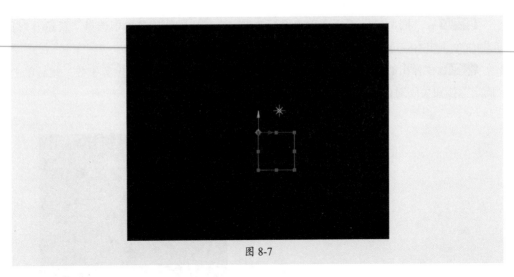

图 8-7

步骤 02 展开"空1"图层属性列表，将时间线移动至0:00:00:00处，为"位置"属性添加第一个关键帧，设置参数为220.0,300.0,-1000.0，如图8-8所示；将时间线移动至0:00:01:00处，添加第二个关键帧，设置参数为430.0,630.0,1000.0，如图8-9所示。

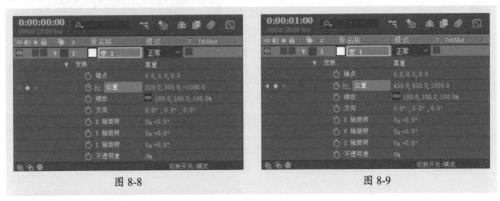

图 8-8   图 8-9

步骤 03 继续为"位置"属性添加关键帧，将时间线移动至0:00:02:00处，添加第三个关键帧，设置参数为730.0,-250.0,2000.0，如图8-10所示；将时间线移动至0:00:03:00处，添加第四个关键帧，设置参数为570.0,260.0,800.0，如图8-11所示。

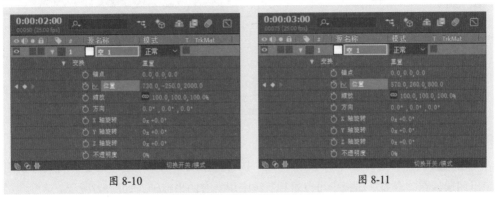

图 8-10   图 8-11

步骤 04 将时间线移动至0:00:04:00处，添加第五个关键帧，设置参数为350.0,410.0,-600.0，如图8-12所示；将时间线移动至0:00:05:00处，添加第六个关键帧，设置参数为290.0,200.0,-940.0，如图8-13所示。

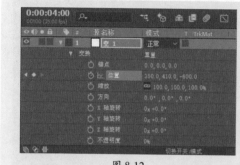

图 8-12　　　　　　　　　　　　　图 8-13

步骤 05 将时间线移动至0:00:06:00处，添加第七个关键帧，设置参数为200.0,220.0,-1000.0，如图8-14所示。

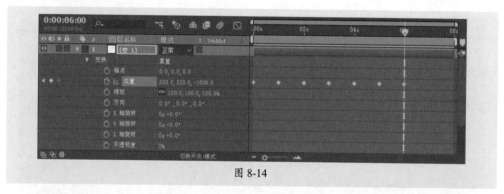

图 8-14

步骤 06 选择"空1"图层的"位置"属性，按Ctrl+C组合键进行复制；再选择"点光1"图层，按Ctrl+V组合键进行粘贴，如图8-15所示。

步骤 07 单击"时间变化秒表"按钮，删除"点光1"图层的"位置"属性所有关键帧，按住Alt键的同时单击"位置"属性前的"时间变化秒表"按钮激活表达式，如图8-16所示。

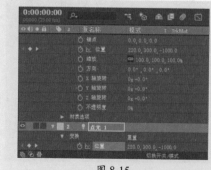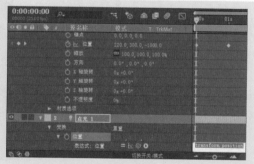

图 8-15　　　　　　　　　　　　　图 8-16

步骤08 按住"链接"按钮并拖动鼠标指针，将"点光1"图层的"位置"属性链接到"空1"图层的"位置"属性上，如图8-17所示。

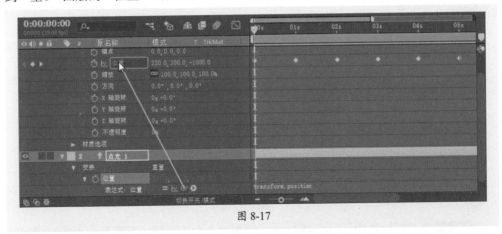

图 8-17

步骤09 完成操作后可以看到系统自动创建的表达式，如图8-18所示。

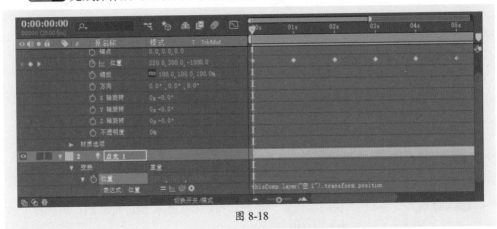

图 8-18

步骤10 在"时间轴"面板中单击鼠标右键，在弹出的快捷菜单中选择"新建"|"纯色"命令，打开"纯色设置"对话框，输入图层名称，其余参数保持默认设置，如图8-19所示。单击"确定"按钮即可创建纯色图层。

步骤11 打开"效果和预设"面板，展开Trapcode列表并选择Particular效果，将其拖动到"粒子"图层上，如图8-20所示。

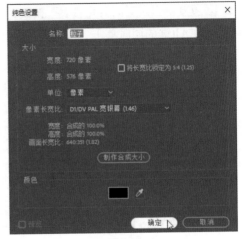

图 8-19

步骤 12 在"效果控件"面板Particular效果右上角单击"选项"文字链接,打开如图8-21所示的对话框,输入灯光图层的名称"点光 1"。单击"完成"按钮完成灯光发射器的设置。

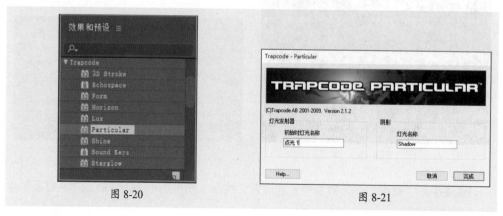

图 8-20   图 8-21

步骤 13 在"效果控件"面板中设置"发射器"属性参数,如图8-22所示。

步骤 14 在"效果控件"面板中设置"粒子"属性参数,包括粒子的生命、粒子类型、粒子颜色等,如图8-23所示。

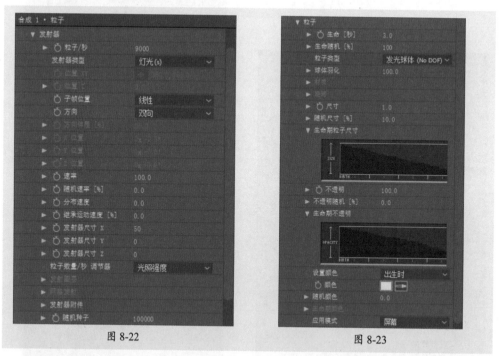

图 8-22   图 8-23

步骤 15 完成设置后,按空格键即可在"合成"面板中预览粒子动画效果,如图8-24所示。

步骤 16 选择"粒子"层,按住Ctrl+D组合键复制图层,并将图层重命名为"线条",如图8-25所示。

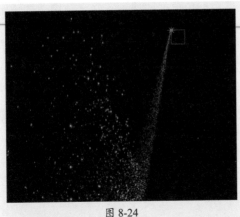

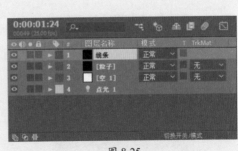

图 8-24   图 8-25

步骤17 在"效果控件"面板中重新设置"线条"图层Particular特效的"发射器"参数，如图8-26所示。

步骤18 重新设置"线条"图层Particular特效的"粒子"参数，如图8-27所示。

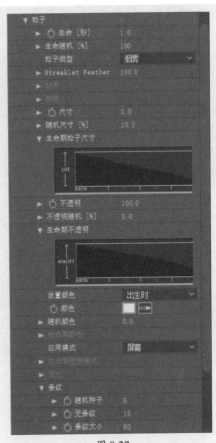

图 8-26   图 8-27

步骤19 完成设置后，按空格键即可在"合成"面板中预览效果，如图8-28所示。

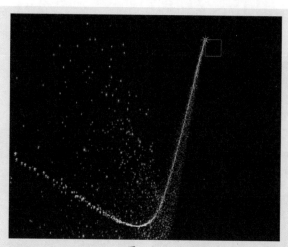

图 8-28

3. 设置文字效果

步骤 **01** 在"项目"面板中新建"合成2",参数保持默认设置,如图8-29所示。

步骤 **02** 在工具栏中选择横排文字工具,然后在"合成"面板中按住鼠标并拖动创建文本框,输入文字内容"不忘初心牢记使命",如图8-30所示。

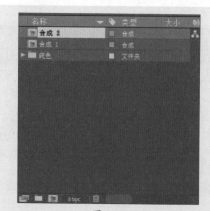

图 8-29

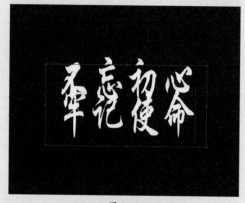

图 8-30

步骤 **03** 在"字符"面板中设置字体、大小、颜色、行距以及字符间距等参数,如图8-31所示。

步骤 **04** 在"对齐"面板中依次单击"水平居中对齐"按钮和"垂直居中对齐"按钮。

步骤 **05** 完成操作后,即可在"合成"面板中预览效果,如图8-32所示。

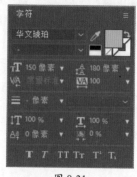

图 8-31

步骤 06 在"效果和预设"面板中展开"透视"列表，选择"斜面Alpha"效果并将其添加到文字图层，然后在"效果控件"面板中设置参数，如图8-33所示。

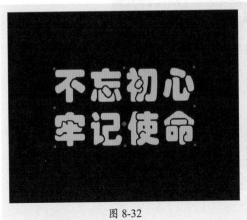

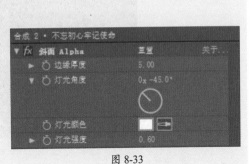

图 8-32　　　　　　　　　　　　　　　　图 8-33

步骤 07 设置完毕后，在"合成"面板中预览文字的立体效果，如图8-34所示。

步骤 08 为文字图层添加"投影"效果，在"效果控件"面板中设置投影参数，如图8-35所示。

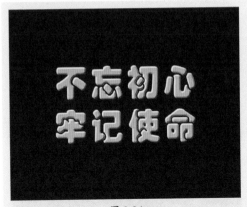

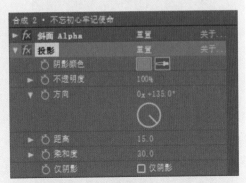

图 8-34　　　　　　　　　　　　　　　　图 8-35

步骤 09 设置完毕后，在"合成"面板中预览文字的立体效果，如图8-36所示。

步骤 10 将时间线移动至0:00:00:00处，展开图层属性列表，为"缩放"属性和"不透明度"属性添加第一个关键帧，设置"缩放"为0.0,0.0%，"不透明度"为0%，如图8-37所示。

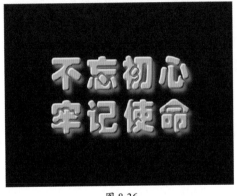

图 8-36

步骤 **11** 将时间线移动至0:00:01:00处，为两个属性添加第二个关键帧，设置"缩放"为100.0,73.0%，"不透明度"为100%，如图8-38所示。

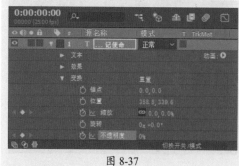

图 8-37

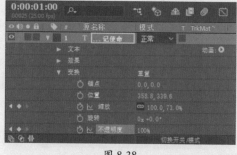

图 8-38

步骤 **12** 按空格键可以预览到文字动画效果。

4. 设置 Form 特效

步骤 **01** 在"时间轴"面板中单击鼠标右键，在弹出的快捷菜单中选择"新建"|"纯色"命令，弹出"纯色设置"对话框，保持参数默认设置，如图8-39所示。

步骤 **02** 在"效果和预设"面板中展开Trapcode效果列表，选择Form特效，将其添加到纯色图层，如图8-40所示。

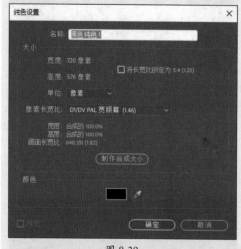

图 8-39

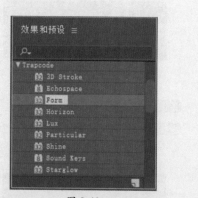

图 8-40

💬 技巧点拨

用户可以通过以下几种方法添加特效：选择图层，双击特效即可添加；将特效直接拖曳到"时间轴"面板的图层上；将特效直接拖曳到"合成"面板的素材上。

步骤 **03** 在"效果控件"面板中设置Form特效的"形态基础"属性，如图8-41所示。

步骤 **04** 完成操作后，即可在"合成"面板中预览效果，如图8-42所示。

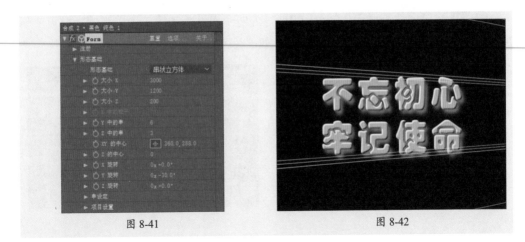

图 8-41   图 8-42

步骤 05 展开"形态基础"属性组下的"串设定"属性，设置相关参数，如图8-43所示。

步骤 06 完成操作后，即可在"合成"面板中预览效果，如图8-44所示。

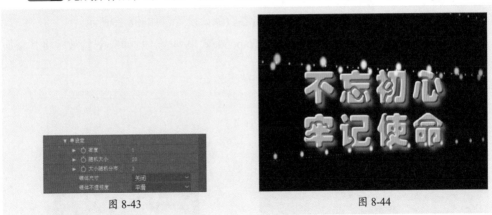

图 8-43   图 8-44

步骤 07 设置Form特效的"粒子"属性组，包括粒子尺寸、颜色等，如图8-45所示。

步骤 08 完成操作后，即可在"合成"面板中预览效果，如图8-46所示。

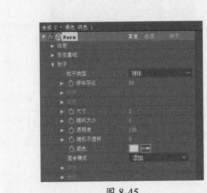 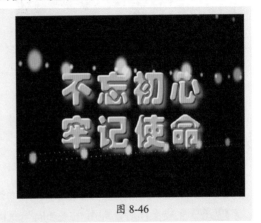

图 8-45   图 8-46

步骤 09 设置"分散和扭曲"属性组和"分形区域"属性组的参数，如图8-47所示。

步骤 10 完成操作后，即可在"合成"面板中预览效果，如图8-48所示。

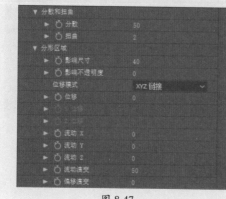

图 8-47

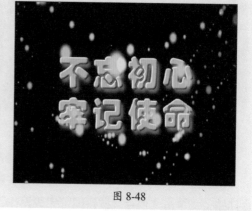

图 8-48

步骤 11 将纯色图层调整至文字图层下方，展开属性列表，将时间线移动至0:00: 00:00处，为"不透明度"属性添加第一个关键帧，设置参数为0%，如图8-49所示；再将时间线移动至0:00:01:00处，添加第二个关键帧，设置参数为100%，如图8-50所示。

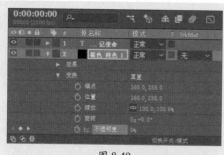

图 8-49

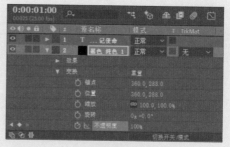

图 8-50

步骤 12 设置完毕后，按空格键即可在"合成"面板中预览效果。

5. **设置最终效果并保存项目**

步骤 01 返回到"合成1"的"时间轴"面板，将"项目"面板中的"合成2"拖至"时间轴"面板中，调整至图层列表顶部，如图8-51所示。

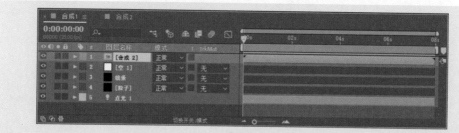

图 8-51

步骤 02 将"合成2"图层起点移动至时间线0:00:06:00处，如图8-52所示。

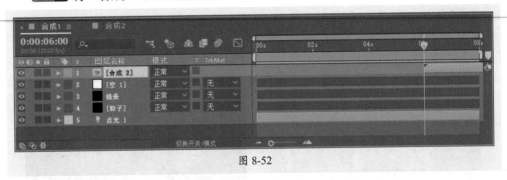

图 8-52

步骤 03 按空格键，即可预览最终的粒子动画效果。

步骤 04 执行"文件"|"保存"命令，在弹出的"另存为"对话框中设置项目名称和存储路径，单击"保存"按钮即可完成操作，如图8-53所示。

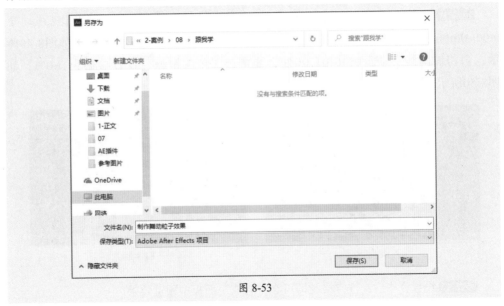

图 8-53

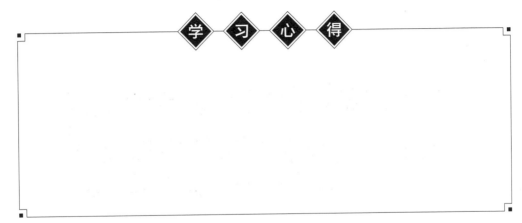

学 习 心 得

听我讲 ▶ Listen to me

8.1 内置仿真粒子特效 ///////////////////////////////////

After Effects CC自身携带了多种仿真粒子特效，如CC Drizzle（CC细雨）、CC Particle World（粒子世界）、CC Rainfall（下雨）、CC Star Burst（星爆）、碎片、粒子运动场等。

8.1.1 CC Drizzle（细雨）

CC Drizzle特效可以模拟雨滴落入水面的涟漪效果。选择图层，执行"效果"|"模拟"|CC Drizzle命令，打开"效果控件"面板，在该面板中用户可以设置相关参数，如图8-54所示。

- **Drip Rate（雨滴速率）**：设置雨滴滴落的速度。
- **Longevity(sec)（寿命（秒））**：设置涟漪存在的时间。
- **Rippling（涟漪）**：设置涟漪扩散的角度。
- **Displacement（置换）**：设置涟漪位移程度。
- **Ripple Height（波高）**：设置涟漪扩散的高度。
- **Spreading（传播）**：设置涟漪扩散的范围。

添加效果并设置参数，效果如图8-54和图8-55所示。

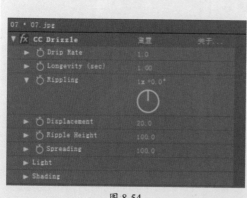

图 8-54

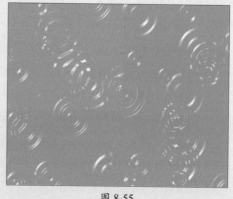

图 8-55

8.1.2 CC Particle World（粒子世界）

CC Particle World效果可以产生三维粒子运动，是CC插件中比较常用的一款粒子插件。下面介绍"效果控件"面板中较为重要的参数。

（1）Grid & Guides（网格&指导）

该属性组主要用于设置网格的显示与大小参数，如图8-56所示。

（2）Birth Rate（出生率）

该属性组主要用于设置粒子的出生率。

（3）Longevity(sec)（寿命）

该属性组主要用于设置粒子的存活寿命。

（4）Producer（生产者）

该属性组主要用于设置生产粒子的位置和半径相关属性。

- **Position X/Y/Z（位置X/Y/Z）**：用于设置生产粒子X、Y、Z的位置。
- **Radius X/Y/Z（X/Y/Z轴半径）**：用于设置X、Y、Z轴半径大小。

（5）Physics（物理）

该属性组主要用于设置粒子的物理相关属性，如图8-57所示。

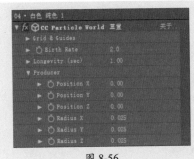

图 8-56

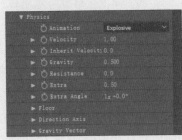

图 8-57

- **Animation（动画）**：用于设置粒子的动画类型。
- **Velocity（速率）**：用于设置粒子的速率。
- **Inherit Velocity%（继承速率）**：用于设置粒子的继承速率。
- **Gravity（重力）**：用于设置粒子的重力效果。
- **Resistance（阻力）**：用于设置粒子的阻力大小。
- **Extra（附加）**：用于设置粒子的附加程度。
- **Extra Angle（附加角度）**：用于设置粒子的附加角度。
- **Floor（地面）**：用于设置地面的相关属性。
- **Direction Axis（方向轴）**：用于设置X、Y、Z三个轴向参数。
- **Gravity Vector（引力向量）**：用于设置X、Y、Z三个轴向的引力向量程度。

（6）Particle（粒子）

该属性组主要用于设置粒子的相关属性，如图8-58所示。

- **Particle Type（粒子类型）**：用于设置粒子的类型，下拉列表中提供了22种类型可供选择。
- **Texture（纹理）**：用于设置粒子的纹理效果。
- **Birth Size（出生大小）**：用于设置粒子的出生大小。
- **Death Size（死亡大小）**：用于设置粒子的死亡大小。

- **Size Variation（大小变化）**：用于设置粒子的大小变化。
- **Opacity Map（不透明度映射）**：用于设置不透明度效果，包括淡入、淡出等。
- **Max Opacity（最大透明度）**：用于设置粒子的最大透明度。
- **Color Map（颜色映射）**：用于设置粒子的颜色映射效果。
- **Death Color（死亡颜色）**：用于设置死亡颜色。

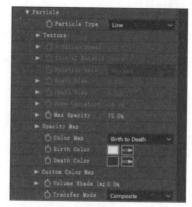

图 8-58

- **Custom Color Map（自定义颜色映射）**：进行自定义颜色映射。
- **Transfer Mode（传输模式）**：用于设置粒子的传输混合模式。

（7）Extras（附加功能）

该属性组主要用于设置粒子的相关附加功能。

选择图层，在"效果和预设"面板中展开"模拟"特效列表，从中选择CC Particle World特效，在"效果控件"面板中设置相应的特效参数，可以制作出如图8-59和图8-60所示的雪花纷飞效果。

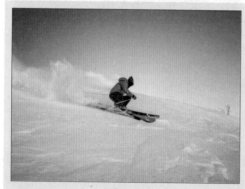

图 8-59

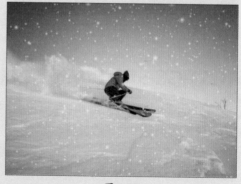

图 8-60

8.1.3　CC Rainfall（下雨）

CC Rainfall特效可以模拟有折射和运动的降雨效果。选择图层，执行"效果"|"模拟"|CC Rainfall命令，打开"效果控件"面板，在该面板中用户可以设置相关参数，如图8-61所示。

- **Drops（数量）**：设置下雨的雨量。数值越小，雨量越小。
- **Size（大小）**：设置雨滴的尺寸。
- **Scene Depth（场景深度）**：设置远近效果。景深越深，效果越远。

- **Speed（速度）：** 设置雨滴移动的速度。数值越大，雨滴移动的越快。

- **Wind（风力）：** 设置风速，会对雨滴产生一定的干扰。

- **Variations %（wind）（变量%（风））：** 设置风场的影响度。

- **Spread（伸展）：** 设置雨滴的扩散程度。

- **Color（颜色）：** 设置雨滴的颜色。

- **Opacity（不透明度）：** 设置雨滴的不透明度。

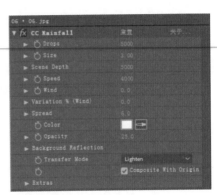
图 8-61

添加效果并设置参数，效果对比如图8-62和图8-63所示。

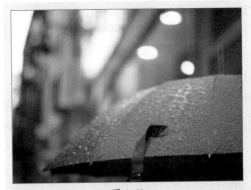
图 8-62

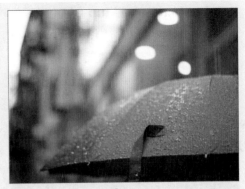
图 8-63

8.1.4　CC Star Burst（星爆）

　　CC Star Burst特效主要用于模拟在星际中穿梭的动画效果，并可以对星星颗粒的密度、间隔、大小等参数进行设置。

　　选中图层，在"效果和预设"面板中打开"模拟"效果列表，从中选择CC Star Burst效果，双击即可将效果添加到图层上，用户可以在"效果控件"面板中设置相关参数，如图8-64所示。

- **Scatter（散射密度）：** 设置颗粒散射的密度。

- **Speed（速度）：** 设置颗粒移动的速度。

- **Phase（相位）：** 设置颗粒移动的角度。

- **Grid Spacing（网格间隔）：** 设置生成颗粒的间隔。

- **Size（大小）：** 设置颗粒的尺寸。

- **Blend w. Original（与原始图像混合）：** 设置效果层与原始图像的混合程度。

添加效果并设置参数，效果如图8-65所示。

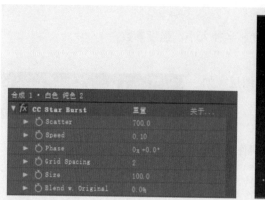

图 8-64

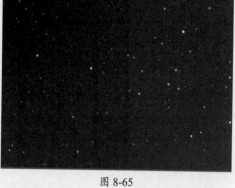

图 8-65

💬 **技巧点拨**

在使用CC Star Burst特效时，颗粒的颜色提取自原效果层的颜色。比如效果层为白色纯色图层，添加特效后，颗粒颜色为白色；如果效果层为黑色，添加特效后则看不到颗粒。

8.1.5 碎片

"碎片"效果可以对图像进行粉碎和爆炸处理，并可以对爆炸的位置、力量和半径等参数进行控制。

选中图层，在"效果和预设"面板中打开"模拟"效果列表，从中选择"碎片"效果，双击即可将效果添加到图层上，用户可以在"效果控件"面板中设置相关参数。

（1）视图

该属性主要设置爆炸效果的显示方式。

（2）渲染

该属性主要设置显示的目标对象，包括全部、图层和碎片。

（3）形状

该属性组主要设置碎片的图案类型、角度、厚度等，如图8-66所示。

● **图案：**设置爆炸碎片的外形。

● **自定义碎片图：**可以自定义设置碎片的形状。

● **白色拼贴已修复：**选中该复选框，可以开启白色平铺的适配功能。

● **重复：**设置碎片的重复数量。

● **方向：**设置碎片产生时的方向。

● **源点：**设置碎片产生的焦点位置。

● **凸出深度：**设置碎片的厚度。

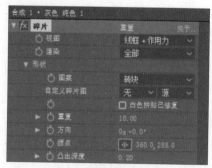

图 8-66

（4）作用力1/2

该属性组主要设置力产生的位置、深度、半径大小、强度参数。

（5）渐变

该属性组主要设置爆炸碎片的界限和图层，如
图8-67所示。

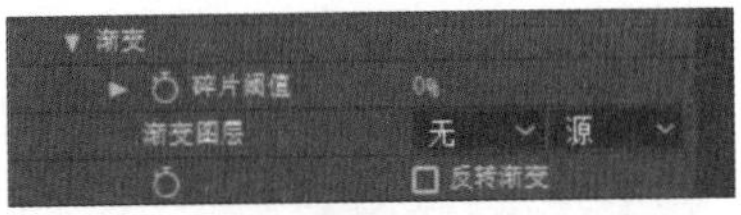

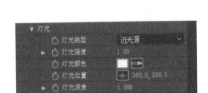

图 8-67

- **碎片阈值：**指定碎片的界限值。
- **渐变图层：**设置合成图像中的一个层作为爆炸层。
- **反转渐变：**反转爆炸层。

（6）物理学

该属性组主要设置碎片物理方面的属性，如旋
转速度、重力等，如图8-68所示。

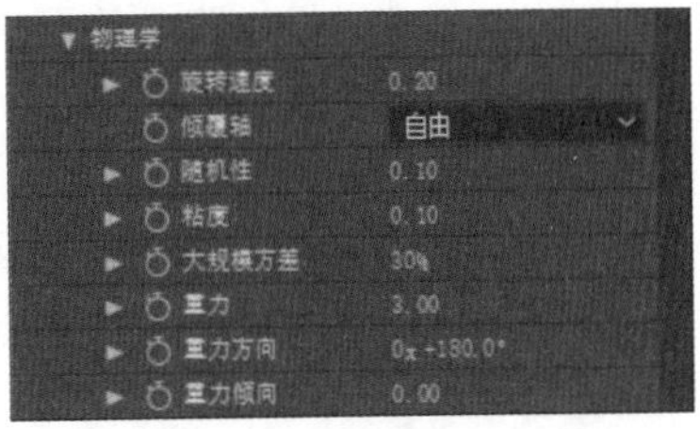

- **旋转速度：**设置爆炸产生碎片的旋转速度。
- **倾覆轴：**设置爆炸产生的碎片如何翻转。
- **随机性：**设置碎片飞散的随机值。
- **粘度：**设置碎片的粘性。
- **大规模方差：**设置爆炸碎片的百分比。
- **重力：**设置爆炸的重力。
- **重力方向：**设置重力的方向。
- **重力倾向：**设置重力的倾斜度。

图 8-68

（7）纹理

该属性主要设置碎片的纹理贴图。

（8）摄像机位置

该属性组主要设置爆炸特效的摄像机系统。

（9）边角定位

当选择Corner Pins作为摄像机系统时，可激活该属性组的相关属性。

（10）灯光

该属性组主要设置灯光相关参数，如图8-69
所示。

环境光：设置灯光在层中的环境光强度。

（11）材质

该属性组主要设置碎片的材质效果，包括漫反
射、强度、高光。

图 8-69

将"碎片"效果添加到图层上之后，设置相关参数，拖动时间轴即可看到碎片产生
的过程，如图8-70和图8-71所示。

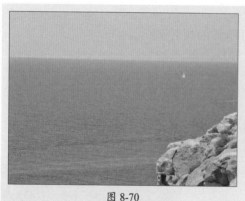
图 8-70

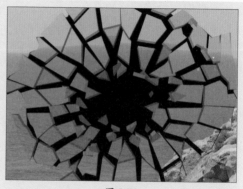
图 8-71

8.1.6 粒子运动场

"粒子运动场"是基于After Effects的一个很重要的特效，可以从物理学和数学角度对各类自然效果进行描述，模拟出显示世界中各种符合自然规律的粒子运动效果，如星空、雪花、下雨和喷泉等。下面将为读者详细讲解该特效的相关参数和应用。

选中图层，执行"效果"|"模拟"|"粒子运动场"命令，即可为图层添加该特效。在"效果控件"面板中可以设置相应的特效参数。

（1）发射

该属性组主要用于设置粒子发射的相关属性，如图8-72所示。

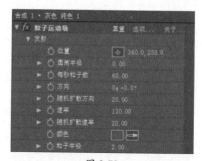
图 8-72

- **位置：**设置粒子发射位置。
- **圆筒半径：**设置发射半径。
- **每秒粒子数：**设置每秒钟粒子发射的数量。
- **方向：**设置粒子发射的方向。
- **随机扩散方向：**设置粒子发射的随机偏移方向。
- **速率：**设置粒子发射速度。
- **随机扩散速率：**设置粒子发射速度的随机变化。
- **颜色：**设置粒子颜色。
- **粒子半径：**设置粒子的半径大小。

（2）网格

该属性组主要用于设置在一组网格的交叉点处生成一个连续的粒子面，如图8-73所示。

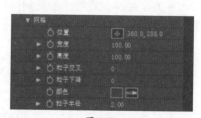
图 8-73

- **位置：**设置网格中心的坐标位置。
- **宽度：**设置网格的宽度。

- **高度：** 设置网格的高度。
- **粒子交叉：** 设置网格区域中水平方向上分布的粒子数。
- **颜色：** 设置圆点或文本字符的颜色。
- **粒子半径：** 设置粒子的半径大小。

（3）图层爆炸/粒子爆炸

"图层爆炸"属性组可以分裂一个层作为粒子，用来模拟爆炸效果，如图8-74所示。

- **引爆图层：** 设置要爆炸的图层。
- **新粒子的半径：** 设置爆炸所产生的新粒子的半径。
- **分散速度：** 设置粒子分散的速度。

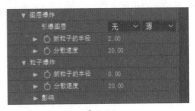

图 8-74

"粒子爆炸"属性组可以把一个粒子分裂成很多新的粒子，迅速增加粒子数量。

- **新粒子的半径：** 设置新粒子的半径。
- **分散速度：** 设置新粒子的分散速度。
- **影响：** 设置哪些粒子受影响。

（4）图层映射

该属性组可以设置合成图像中任意图层作为粒子的贴图来替换粒子，如图8-75所示。

- **使用图层：** 用来设置作为映像的层。
- **时间偏移类型：** 设置时间位移类型。
- **时间偏移：** 设置时间位移效果参数。

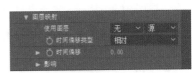

图 8-75

（5）重力/排斥

"重力"属性组主要用于设置粒子的重力场。参数面板如图8-76所示。

- **力：** 设置粒子下降的重力大小。
- **随机扩散力：** 设置粒子向下降落的随机速率。
- **方向：** 默认180°，重力向下。

"排斥"属性组主要用于设置粒子间的排斥力。

- **力：** 设置排斥力的大小。
- **力半径：** 设置粒子所受到排斥的半径范围。
- **排斥物：** 设置哪些粒子作为一个粒子子集的排斥源。

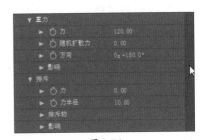

图 8-76

（6）墙

该属性组主要用于设置粒子的墙属性。

- **边界：** 设置一个封闭区域作为边界墙。
- **反击：** 设置哪些粒子受选项影响。

（7）永久属性映射器/短暂属性映射器

这两个属性组主要用于设置持续性/短暂性的属性映射器。

通过创建多个"粒子运动场"特效，并设置不同的参数，可以模拟出非常逼真的粒子运动效果，对比效果如图8-77和图8-78所示。

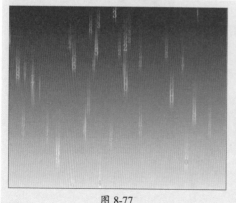

图 8-77

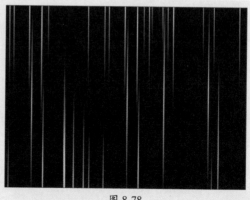

图 8-78

8.2 Particular（粒子）特效

Particular是After Effects的一款经典三维粒子特效插件，属于Trapcode出品的系列滤镜，操作简单，但功能十分强大，使用频率非常高，能够制作出多种自然效果，如火、云、烟雾、烟花等，是一款功能强大的粒子效果插件。

8.2.1 认识Particular特效

下面介绍"效果控件"面板中较为重要属性的含义。

（1）发射器

该属性组用于设置粒子的数量、形状、类型、速度、方向等，如图8-79所示。

● **粒子/秒**：设置每秒发射的粒子数。

● **发射器类型**：设置粒子发射器的类型，可以决定发射粒子的区域和位置。包括点、盒子、球体、网格、灯光、图层、图层网格共7种。

● **X/Y/Z位置**：设置粒子发射在 X、Y、Z 轴上的位置。

● **方向**：设置粒子发射的方向。

● **方向伸展**：控制粒子发射方向的区域宽度。粒子会向整个区域的百分之几运动。

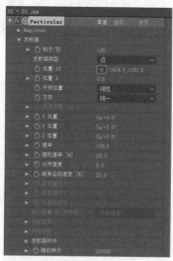

图 8-79

- **速率：**设置粒子的发射速度。
- **随机速率：**设置粒子发射速度的随机值。
- **分布速度：**设置粒子向外运动的速度。
- **继承运动速度：**设置跟随发射器的运动方向运动。
- **随机种子：**随机数值的开始点，整个插件的随机性都会随之变化。

（2）粒子

该属性组用于设置粒子的所有外在属性，如大小、透明度、颜色，以及在整个生命周期内这些属性的变化，如图8-80所示。

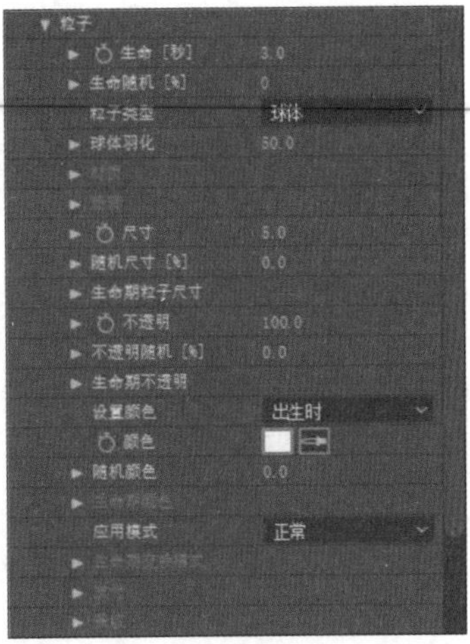

图 8-80

- **生命[秒]：**设置粒子的生存时间。
- **生命随机：**设置生命周期的随机性。
- **粒子类型：**设置粒子的类型。包括球体、发光球体、星云、薄云、烟雾、子画面、子画面变色、子画面填充、多边形纹理、多边形变色纹理、多边形纹理填充共11种类型。如图8-81和图8-82所示为不同类型的粒子效果。

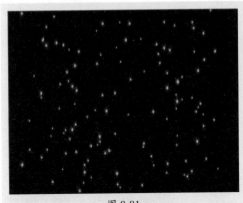

图 8-81

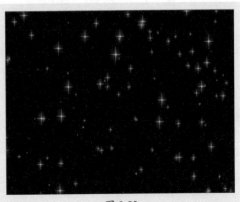

图 8-82

- **球体羽化：**设置粒子的羽化程度以及透明度。
- **尺寸：**设置粒子的大小。
- **随机尺寸：**设置粒子大小的随机属性。
- **生命期粒子尺寸：**以图形来控制每个粒子的大小随着时间的变化。
- **不透明：**设置粒子的不透明度。
- **不透明随机：**设置粒子随机不透明度。
- **生命期不透明：**以图形控制随着时间变化粒子的不透明度。
- **设置颜色：**设置粒子出生时的颜色。
- **随机颜色：**设置粒子颜色。

- **颜色：**设置随机改变色相。
- **应用模式：**设置粒子的叠加模式。
- **生命期变换模式：**设置粒子死亡后的合成模式。
- **发光：**设置粒子产生的光晕。
- **条纹：**设置条纹状粒子。

（3）阴影

该属性组用于为粒子制造阴影效果，使其具有立体感。

（4）物理学

该属性组用于设置粒子在发射后的运动属性，如重

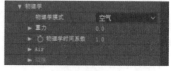

图 8-83

力、碰撞、干扰等，如图8-83所示。

- **物理学模式：**包括空气和碰撞两种模式。选择相
  应的模式会激活下方的属性列表。
- **重力：**设置粒子受重力影响的状态。
- **物理学时间系数：**设置粒子运动的速度。
- **Air（空气）：**用于设置"空气"模式下的物理学参数，如空气阻力、旋转幅
  度、风向等。
- **碰撞：**用于设置"碰撞"模式下的物理学参数，如地面图层和模式、墙壁图层和
  模式、碰撞事件、碰撞强度等。

（5）辅助系统

该属性组用于设置发射附加粒子，即粒子本身可以
发射粒子，如图8-84所示。

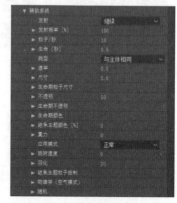

图 8-84

- **发射：**该参数关闭时，辅助系统中的参数无效。
- **发射概率：**设置发射的概率大小。
- **类型：**设置附加粒子的类型。包括球体、发光球
  体、星云、薄云、条纹、与主体相同共6种。
- **速率：**设置附加粒子发射的速率。
- **继承主题颜色：**设置附加粒子与主粒子的一致
  程度。
- **重力：**设置重力影响。
- **应用模式：**设置粒子叠加模式。
- **继承主题粒子控制：**设置主粒子控制程度。
- **物理学（空气模式）：**设置附加粒子的空气阻力、受影响程度等。

（6）整体变换

该属性组用于设置粒子空间状态的变化。

（7）可见度

该属性组用于设置粒子的可视性。

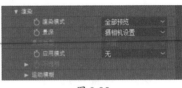

图 8-85

（8）渲染

该属性组用于设置渲染参数，如图8-85所示。

- **渲染模式：**设置渲染的方式。
- **景深：**设置景深的开关。
- **运动模糊：**设置运动模糊参数，可以使粒子运动更平滑。

8.2.2 Particular（粒子）特效的应用

选中图层，在"效果和预设"面板中展开Trapcode特效列表，选择Particular特效，将其拖曳至图层上，接着在"效果控件"面板中设置相应的Particular特效参数。

完成上述操作后，可观看效果对比如图8-86和图8-87所示。

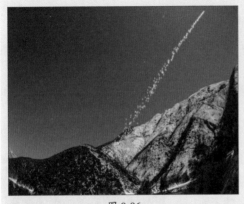

图 8-86

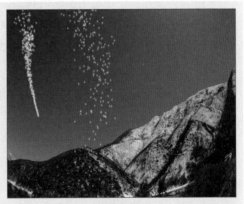

图 8-87

8.3 Form（形状）特效

Form效果是Trapcode系列滤镜包中一款基于网格的三维粒子滤镜，但没有产生、生命周期和死亡等基本属性。本节将为读者详细讲解该特效的相关参数和应用。

8.3.1 认识Form特效

Form效果比较适合制作如流水、烟雾、火焰等复杂的3D几何图形，且内置音频分析器，能帮助用户轻松提取节奏频率等参数。下面将讲解其"效果控件"面板中较为重要的属性参数。

（1）形态基础

该属性组用于设置网格的属性，如图8-88所示。

● **形态基础**：包括网状立方体、串状立方体、分层球体、项目模型4种基础网格类型。

● **大小X/Y/Z**：设置网格的大小。

● **X/Y/Z中的粒子**：设置在X、Y、Z轴上的粒子数量。

● **XY/Z的中心**：设置特效位置。

● **X/Y/Z旋转**：设置特效的旋转。

● **串设定**：只有选择"串状立方体"选项时，该选项才可用。

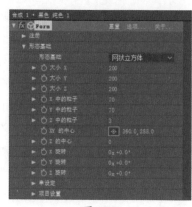

图 8-88

（2）粒子

该属性组用于设置构成粒子形态的属性，如图8-89所示。

● **粒子类型**：设置粒子类型，包括11种粒子类型。

● **球体羽化**：设置粒子边缘的羽化程度。

● **材质**：设置粒子的材质属性。

● **旋转**：设置粒子的旋转属性。

● **尺寸**：设置粒子的大小。

● **随机大小**：设置粒子大小的随机属性。

● **透明度**：设置粒子的不透明度。

● **随机不透明**：设置粒子随机不透明度。

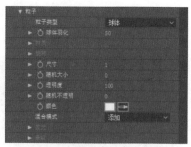

图 8-89

● **颜色**：设置粒子颜色。

● **混合模式**：设置粒子的叠加模式。

● **发光**：设置粒子产生的光晕。

● **条纹**：设置条纹参数。

（3）底纹

该属性组用于设置粒子与合成灯光的相互作用，如图8-90所示。

● **底纹**：开启着色功能。

● **灯光衰减**：设置灯光的衰减。

● **额定距离**：设置距离。

● **环境光**：设置环境属性。

● **漫射光**：设置漫反射属性。

● **镜面数值**：设置粒子的高光强度。

● **镜面锐度**：设置粒子的高光锐化。

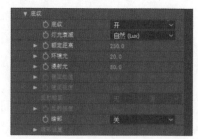

图 8-90

● **反射贴图**：设置粒子的反射贴图。

● **反射强度**：设置粒子的反射强度。

● **暗部**：设置粒子阴影。

● **暗部设置**：调整粒子的阴影设置。

（4）快速映射

该属性组用于快速改变粒子网格的状态，如图8-91所示。

● **不透明映射**：定义透明区域和颜色贴图的Alpha通道。

● **颜色映射**：设置透明通道和颜色贴图的RGB颜色值。

● **映射不透明和颜色在**：定义贴图的方向，包括5种方向。

● **映射#1/2/3**：设置贴图可以控制的参数数量。

（5）层映射

该属性组用于通过其他图层的像素信息来控制粒子网格的变化，如图8-92所示。

● **颜色和Alpha**：控制粒子网格的颜色和Alpha通道。

● **位移**：设置粒子置换。

● **尺寸**：改变粒子大小。

● **分形强度**：定义粒子躁动的范围。

● **环绕**：控制粒子的旋转参考。

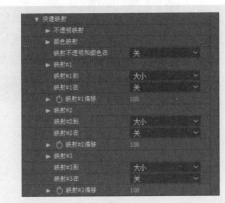

图 8-91

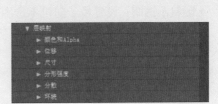

图 8-92

（6）音频反应

该属性组用于设置利用声音轨道控制粒子网格，如图8-93所示。

● **音频图层**：选择一个声音图层作为取样的源文件。

● **反应器1/2/3/4/5**：设置反应器的控制参数。

（7）分散和扭曲

该属性组用于设置在三维空间中控制粒子网格的离散及扭曲效果，如图8-94所示。

● **分散**：为每个粒子的位置增加随机值。

● **扭曲**：围绕X轴对粒子网格进行扭曲。

（8）分形区域

该属性组用于设置根据时间变化产生类似分形噪波的变化，如图8-95所示。

● **影响尺寸**：设置噪波影响粒子大小的程度。

- **影响不透明度：** 设置噪波影响粒子不透明度的程度。
- **位移模式：** 设置噪波的位移方式。
- **位移：** 设置位移的强度。
- **Y/Z位移：** 设置在 Y、Z 轴上粒子的偏移量。
- **流动X/Y/Z：** 设置每个轴向的粒子偏移速度。
- **流动演变：** 设置噪波随机运动的速度。
- **偏移演变：** 设置随机噪波的随机值。
- **循环流动：** 设置在一定时间内可循环次数。
- **循环时间：** 设置重复的时间量。
- **分形和：** 包括Noise（噪波）和abs（noise）（abs噪波）两个选项。
- **伽马：** 设置噪波的伽马值。
- **添加/相减：** 改变噪波大小值。
- **小/大：** 设置最小/最大的噪波值。
- **F比例：** 设置噪波的尺寸。
- **复杂度：** 设置Perlin（波浪）噪波函数的噪波层数值。
- **八倍增加：** 设置噪波图层的凹凸强度。
- **八倍比例：** 设置噪波图层的噪波尺寸。

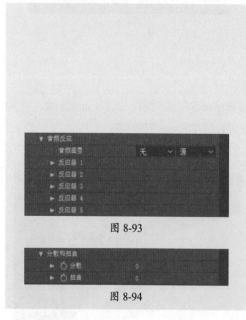

图 8-93

图 8-94

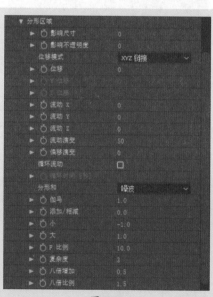

图 8-95

（9）球形区域

该属性组用于设置噪波受球形力场的影响。

（10）Keleido空间

该属性组用于设置粒子网格在三维空间中的对称性，如图8-96所示。

● **镜像模式:** 设置镜像的对称轴。

● **行为:** 设置对称的方式。

● **XY的中心:** 设置对称的中心。

（11）空间转换

该属性组用于设置已有粒子场的参数，如图8-97所示。

● **X/Y/Z旋转:** 设置粒子场的旋转。

● **比例:** 设置粒子场的缩放。

● **X/Y/Z偏移:** 设置粒子场的偏移。

（12）能见度

该属性组用于设置粒子的可视性。

（13）渲染中

该属性组用于设置渲染的方式、摄像机景深以及运动模糊等效果。

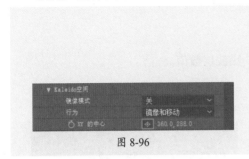

图 8-96

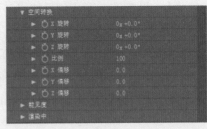

图 8-97

8.3.2 Form特效的应用

选中图层，在"效果和预设"面板中展开Trapcode特效列表，选择Form特效，将其拖曳至图层上，接着在"效果控件"面板中设置相应的Form特效参数。

完成上述操作后，可观看效果，如图8-98和图8-99所示。

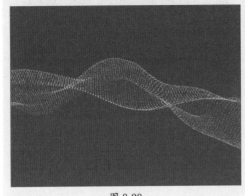

图 8-98

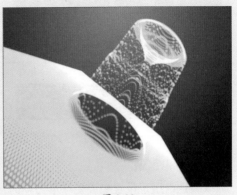

图 8-99

自己练／制作文字消散动画

案例路径 云盘/实例文件/第8章/自己练/制作文字消散动画

项目背景 在很多电影或电视剧的片头中，都会出现文字随着音乐逐渐消散的动画效果。利用After Effects的Particular插件结合蒙版工具以及"线性擦除"特效，可以制作出逼真的文字消散效果。而为文字图层添加渐变效果则可以使整个消散效果更加丰满。

项目要求 ①选择合适的文字内容或文字素材。

②可以使用素材图像作为背景，也可以使用纯色或渐变色作为背景。

③将合成图层设置为3D图层，使粒子更具三维效果。

项目分析 创建文字图层并设置"渐变叠加"图层样式；将文字图层创建预合成1和预合成2，将两个预合成都置于主合成中，并设置预合成2为3D图层；在预合成2中利用矩形工具制作过渡效果；在预合成1中利用"线性擦除"效果制作过渡；在主合成中创建粒子效果，如图8-100所示。

图 8-100

课时安排 4课时。

After Effects

After Effects

第 **9** 章

光效滤镜详解

━━━━━━━ **本章概述** ━━━━━━━

　　在很多影视特效及电视包装作品中都能看到光效的应用，尤其是一些炫彩的光线特效。光效的制作和表现也是影视后期合成中永恒的主题，光效在烘托镜头气氛、丰富画面细节等方面都起着非常重要的作用。本章将为读者详细介绍光效滤镜应用以及制作各种光线特效的技巧。

━━━━━━━ **要点难点** ━━━━━━━

- 光效的基本知识　★☆☆
- 基本光效滤镜效果　★★☆
- 应用发光效果　★★★

跟我学 制作动感光线效果

学习目标 After Effects有很多内置的光感特效，可以制作出绚烂多彩的光效，如发光、镜头光晕、CC Light Sweep等。而利用光效插件则能够制作出更具质感的光线效果，如Shine、Starglow等。本案例中将利用Shine效果和CC Light Sweep效果结合文本素材来制作出旋转的动感光线效果。

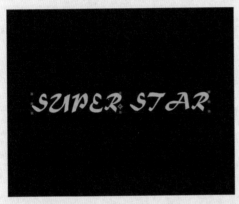 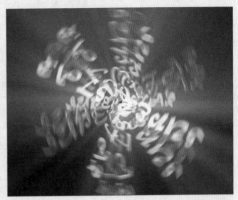

案例路径 云盘/实例文件/第9章/跟我学/制作动感光线效果

1. 新建合成并创建文字

步骤 01 在"项目"面板中单击鼠标右键，在弹出的快捷菜单中选择"新建"|"新建合成"命令，在弹出的"合成设置"对话框中设置预设类型以及"持续时间"，如图9-1所示。单击"确定"按钮创建合成。

步骤 02 在工具栏中选择横排文字工具，然后在"合成"面板中单击并输入文字"SUPER STAR"，如图9-2所示。

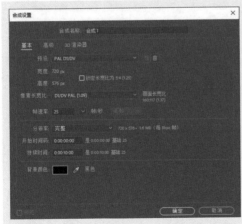 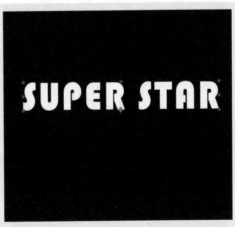

图 9-1   图 9-2

步骤 **03** 在"字符"面板中设置字体、大小、字符间距等参数，如图9-3所示。

步骤 **04** 在"对齐"面板中单击"水平居中对齐"和"垂直居中对齐"按钮，完成操作后在"合成"面板中预览效果，如图9-4所示。

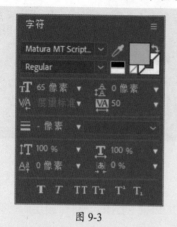

图 9-3

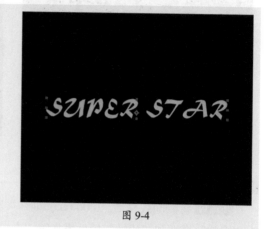

图 9-4

2. 设置文字动画效果

步骤 **01** 选中文字图层，在"效果和预设"面板中选择"透视"特效组下的"斜面Alpha"滤镜，为图层添加"斜面Alpha"效果，如图9-5所示。

步骤 **02** 在"效果控件"面板中设置"斜面Alpha"滤镜参数，如图9-6所示。

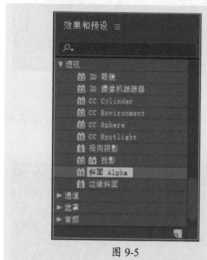

图 9-5

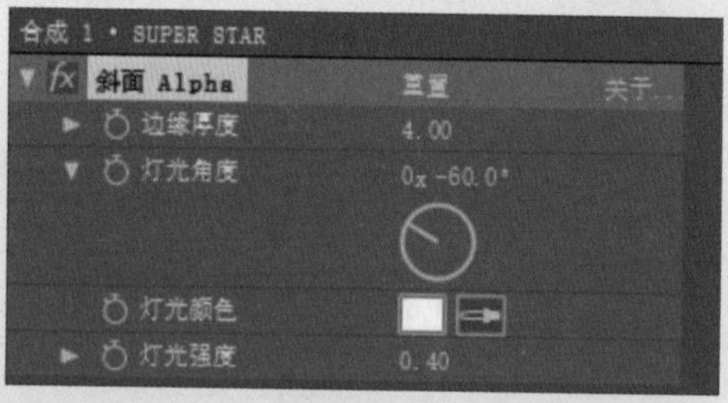

图 9-6

步骤 **03** 完成上述操作后即可预览光线效果，如图9-7所示。

步骤 **04** 选择文字图层，然后单击鼠标右键，在弹出的快捷菜单中选择"预合成"命令，打开"预合成"对话框，选择合适的选项，如图9-8所示。

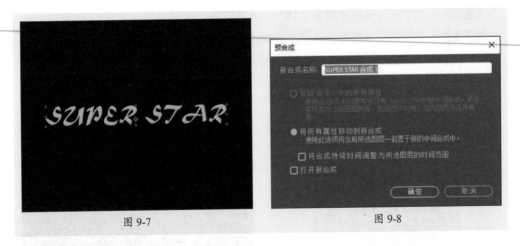

图 9-7 　　　　　　　　　　　　　　　　图 9-8

3. 设置关键帧动画

步骤 01 将时间线移动至0:00:00:00处，展开"SUPER STAR合成1"图层属性列表，为"缩放"属性和"旋转"属性添加第一个关键帧，设置"缩放"参数为0.0,0.0%，"旋转"参数为0x+0.0°，如图9-9所示。

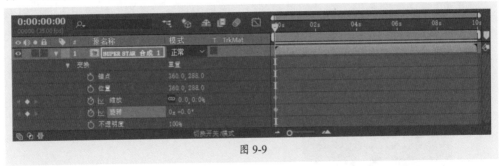

图 9-9

步骤 02 将时间线移动至0:00:02:00处，为"缩放"属性添加第二个关键帧，设置参数为100.0，100.0%，如图9-10所示。

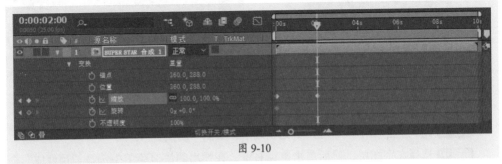

图 9-10

步骤 03 将时间线移动至末尾位置，为"旋转"属性添加第二个关键帧，设置参数为8x+0.0°，如图9-11所示。

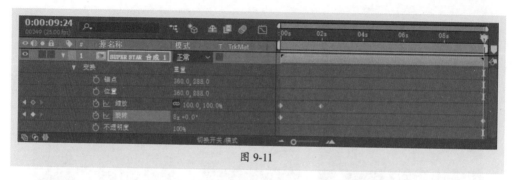

图 9-11

步骤 04 按空格键预览动画，即可看到文字逐渐放大并旋转的效果。

步骤 05 选择"SUPER STAR合成1"图层，执行"图层"|"开关"|"运动模糊"命令，为图层添加"运动模糊"效果，然后在"时间轴"面板中激活"运动模糊"功能🔘，如图9-12所示。

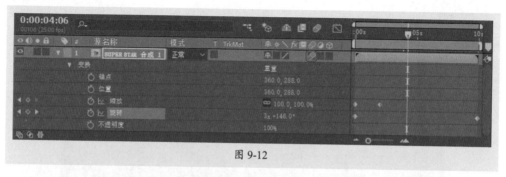

图 9-12

步骤 06 按空格键播放动画，即可看到文字在旋转过程中产生的模糊效果，开启"运动模糊"前后的效果对比如图9-13和图9-14所示。

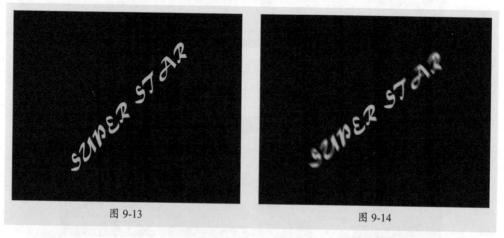

图 9-13   图 9-14

步骤 07 在"项目"面板中复制"SUPER STAR合成1"，然后将复制的合成拖动到"时间轴"面板，调整顺序，如图9-15和图9-16所示。

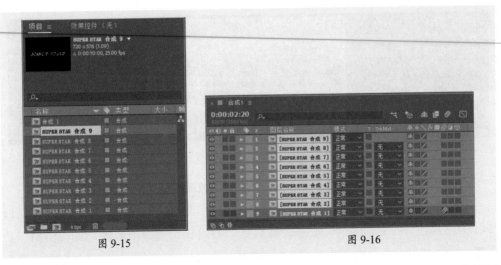

图 9-15   图 9-16

步骤 08 展开"SUPER STAR合成1"属性列表，框选全部关键帧，按Ctrl+C组合键复制关键帧，粘贴到其他8个图层，再为所有图层开启"运动模糊"功能，如图9-17所示。

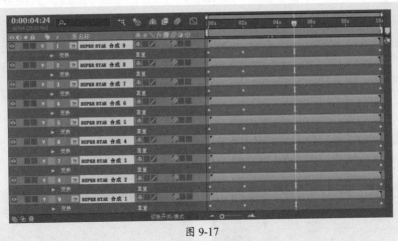

图 9-17

步骤 09 调整各个图层的入点时间，依次向后延迟10帧，如图9-18所示。

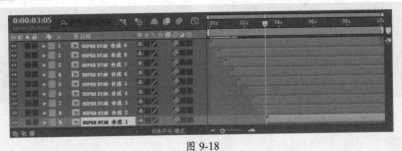

图 9-18

步骤 10 调整合成2~9中的文字颜色。双击合成图层，在合成中调整文字的颜色。按照顺序，依次调整合成2~9中文字的颜色，如图9-19~图9-26所示。

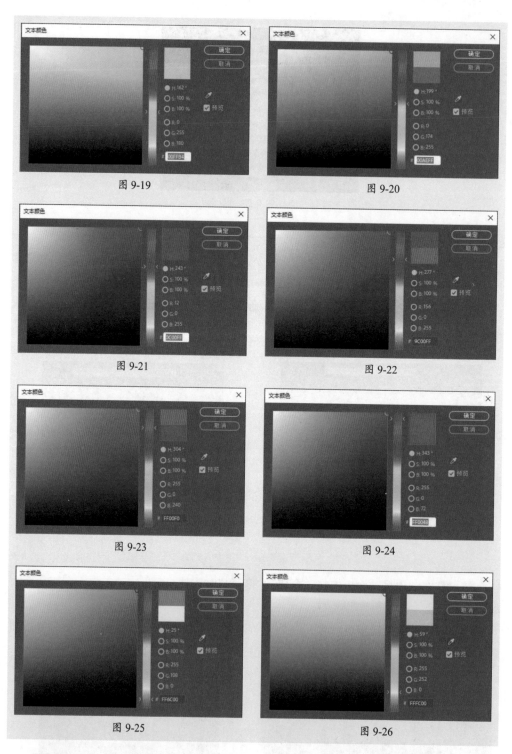

图 9-19

图 9-20

图 9-21

图 9-22

图 9-23

图 9-24

图 9-25

图 9-26

步骤 **11** 完成上述操作后，即可在"合成"面板中预览效果，如图9-27所示。

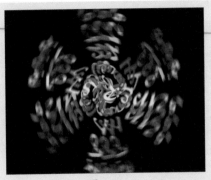

图 9-27

4. 设置背景效果

步骤 01 执行"合成"|"新建合成"命令，打开"合成设置"对话框，命名为"背景"，如图9-28所示。

步骤 02 执行"图层"|"新建"|"纯色"命令，打开"纯色设置"对话框，保持默认参数设置，如图9-29所示。

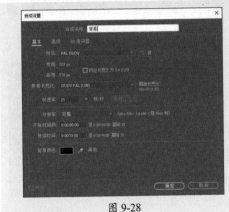

图 9-28

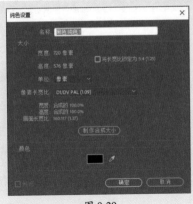

图 9-29

步骤 03 在"项目"面板中将"合成1"拖至"时间轴"面板中，并置于图层顶部，如图9-30所示。

步骤 04 在"效果和预设"面板中展开"生成"列表，选择"梯度渐变"效果并添加到纯色图层上，在"效果控件"面板中设置相关参数，如图9-31所示。

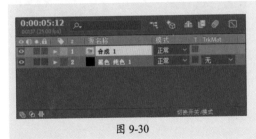

图 9-30

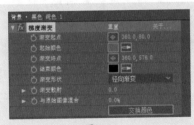

图 9-31

步骤 05 完成上述操作后即可在"合成"面板中预览效果，如图9-32所示。

步骤 06 在"效果和预设"面板中选择Shine效果，将其添加到"合成1"图层上，在"效果控件"面板中设置相关参数，如图9-33所示。

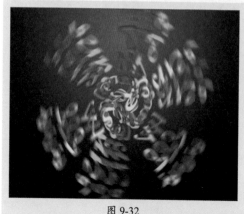
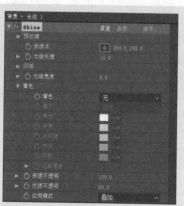

图 9-32　　　　　　　　　　　图 9-33

步骤 07 完成上述操作后即可在"合成"面板中预览效果，如图9-34所示。

步骤 08 在"效果和预设"面板中选择CC Light Sweep效果，将其添加到"合成1"图层上，在"效果控件"面板中设置相关参数，如图9-35所示。

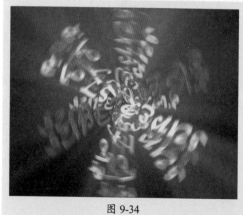
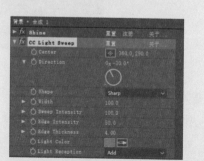

图 9-34　　　　　　　　　　　图 9-35

步骤 09 在"时间轴"面板中展开特效属性列表，将时间线移动至0:00:03:05处，为Direction属性添加第一个关键帧，设置参数为0x+90.0°，如图9-36所示。

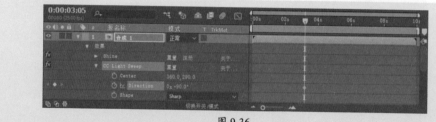

图 9-36

步骤 10 将时间线移动至末尾处，为Direction属性添加第二个关键帧，设置参数为 3x+0.0°，如图9-37所示。

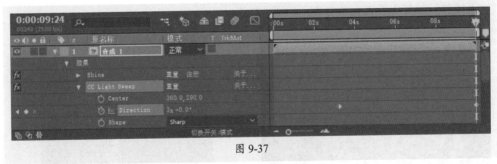

图 9-37

步骤 11 完成上述操作后即可在"合成"面板中预览最终效果，如图9-38所示。

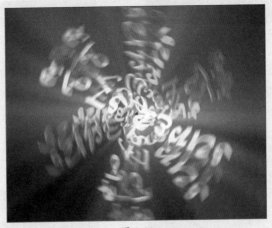

图 9-38

5. 保存项目文件

执行"文件"|"保存"命令，在弹出的"另存为"对话框中设置项目名称和存储路径，如图9-39所示。

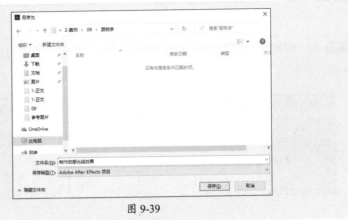

图 9-39

9.1　认识光效

　　发光效果是各种影视节目或片头中常用的效果之一，例如发光的文字或图案等。发光效果能够在较短的时间内给人强烈的视觉冲击力，从而令人印象深刻。在After Effects CC中，可利用相关的效果对素材进行相应的光效制作，如图9-40~图9-43所示。

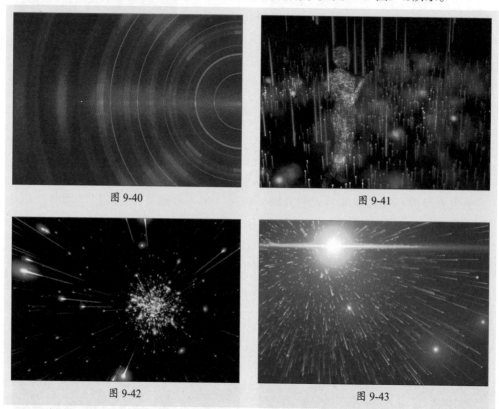

图 9-40

图 9-41

图 9-42

图 9-43

9.2　内置光效

　　After Effects CC自身携带了几种较为常用的光效滤镜，如发光、镜头光晕、CC Light Rays（CC光束）、CC Light Sweep（CC光纤扫描）等。

9.2.1　发光

　　"发光"特效是通过增加图像中的亮部区域的亮度来使像素产生炙热感，也就是发光效果。选中图层，在"效果和预设"面板中展开"风格化"效果列表，双击选择"发光"特效，在"效果控件"面板中设置相应参数，如图9-44所示。

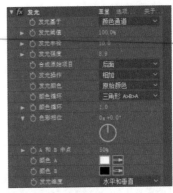

图 9-44

- **发光基于：** 选择发光特效使用的通道，有"颜色通道"和"Alpha通道"两个选项。
- **发光阈值：** 设置抑制发光特效。100%表示完全不接受发光，0%表示完全接受发光。
- **发光半径：** 设置发光特效影响范围。默认值是0~100，最大值不能超过1000。
- **发光强度：** 设置发光特效的强度值。
- **合成原始项目：** 在列表中可以选择与原始图像的合成方式，包括"顶端""后面""无"三个选项。
- **发光操作：** 设置发光的混合模式。
- **发光颜色：** 设置发光的颜色。包括"原始颜色""A和B颜色""任意映射"三个选项。
- **颜色循环：** 设置发光颜色的循环模式。
- **色彩相位：** 设置发光特效的发光圈数。默认值是1~10，最大值不超过127。
- **发光维度：** 设置发光特效的方向。包括"水平和垂直""水平""垂直"三个选项。

添加效果并设置参数，如图9-45和图9-46所示为粒子特效添加了"发光"特效前后的效果。

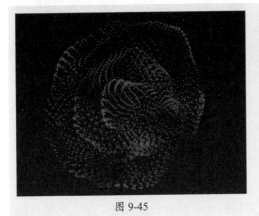

图 9-45　　　　　　　　　　　　　图 9-46

9.2.2　镜头光晕

"镜头光晕"特效可以合成镜头光晕的效果，常用于制作日光光晕。选中图层，在"效果和预设"面板中展开"生成"效果列表，双击选择"镜头光晕"特效，在"效果控件"面板中设置相应参数，如图9-47所示。

- **光晕中心**：设置光晕中心点位置。
- **光晕亮度**：设置光源的亮度。
- **镜头类型**：设置镜头光源类型，有 50-300毫米变焦、35毫米定焦、105 毫米定焦三种类型可供选择。

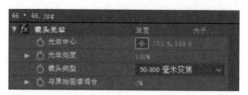

图 9-47

- **与原始图像混合**：设置当前效果与原始图层的混合程度。

添加效果并设置参数，效果对比如图9-48和图9-49所示。

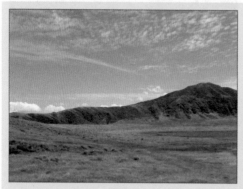

图 9-48

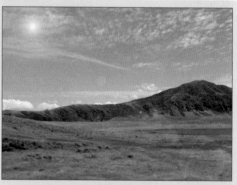

图 9-49

9.2.3　CC Light Rays（CC光束）效果

CC Light Rays效果是影视后期特效制作中比较常用的光线特效，可以利用图像上不同颜色产生不同的放射光，而且具有变形效果。选中图层，在"效果和预设"面板中展开"生成"效果列表，双击选择CC Light Rays特效，在"效果控件"面板中设置相应参数，如图9-50所示。

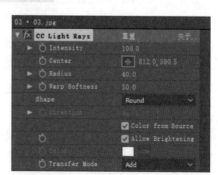

图 9-50

- **Intensity（强度）**：用于调整射线光强度的选项，数值越大，光线越强。
- **Center（中心）**：设置放射光的中心点位置。
- **Radius（半径）**：设置射线光的半径。
- **Warp Softness（柔化光芒）**：设置射线光的柔化程度。
- **Shape（形状）**：用于调整射线光光源发光的形状，包括Round和Square两种形状。
- **Direction（方向）**：用于调整射线光照射方向。
- **Color from Source（颜色来源）**：选中该复选框，光芒会呈放射状。

- **Allow Brightening（中心变亮）：**选中该复选框，光芒的中心变亮。
- **Color（颜色）：**用来调整射线光的发光颜色。
- **Transfer Mode（转换模式）：**设置射线光与源图像的叠加模式。

重复添加CC Light Rays特效，设置不同的参数，可以制作出不同的光点效果，如图9-51和图9-52所示。

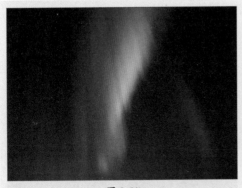 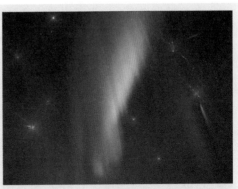

图 9-51   图 9-52

9.2.4　CC Light Sweep（CC光纤扫描）效果

CC Light Sweep效果可以在图像上制作出光线扫描的效果，该效果既可以应用在文字图层上，也可以应用在图片或视频素材上。各项属性参数如图9-53所示。

- **Center（中心）：**设置扫光的中心点位置。
- **Direction（方向）：**设置扫光的旋转角度。
- **Shape（形状）：**设置扫光的形状，包括Linear（线性）、Smooth（光滑）、Sharp（锐利）三种形状。
- **Width（宽度）：**设置扫光的宽度。
- **Sweep Intensity（扫光亮度）：**调节扫光的亮度。

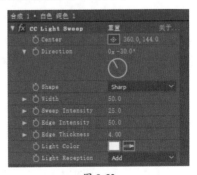

图 9-53

- **Edge Intensity（边缘亮度）：**调节光线与图像边缘相接触时的明暗程度。
- **Edge Thickness（边缘厚度）：**调节光线与图像边缘相接触时的光线厚度。
- **Light Color（光线颜色）：**设置产生光线的颜色。
- **Light Reception（光线接收）：**用来设置光线与源图像的叠加方式，包括Add（叠加）、Composite（合成）和Cutout（切除）。

设置不同的参数，或者重叠特效，就可以得到不同的光线效果，如图9-54和图9-55所示。

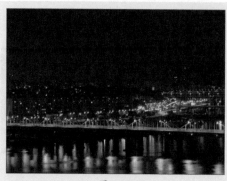
图 9-54

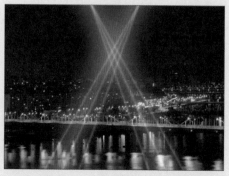
图 9-55

9.3　Light Factory（灯光工厂）滤镜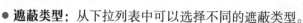

　　Light Factory滤镜是一款非常绚丽的灯光效果插件，各种常见的镜头耀斑、眩光、日光、舞台光等都可以利用该插件制作，本节将详细讲解其基础知识及使用方法。

9.3.1　认识Light Factory滤镜

　　Light Factory可以说是After Effects CC中"镜头光晕"滤镜的加强版，是一款非常经典的灯光插件。下面将讲解其"效果控件"面板中较为重要的属性参数。

　　（1）位置

　　该属性组主要用于设置灯光的位置，如图9-56所示。

- **光源位置：** 用来设置灯光的位置。
- **使用灯光：** 选中该复选框后，将会启用合成中的灯光进行照射。
- **光源命名：** 指定合成中参与照射的灯光。
- **定位图层：** 指定某一个图层发光。

　　（2）遮蔽

　　当光源从某个物体后面发射出来时，该属性组起作用，如图9-57所示。

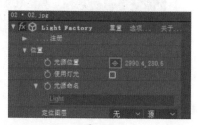
图 9-56

- **遮蔽类型：** 从下拉列表中可以选择不同的遮蔽类型。
- **遮蔽图层：** 指定遮蔽的图层。
- **来源大小：** 设置光源的大小变化。
- **阈值：** 设置光源的容差值。
- **3D遮蔽：** 设置光源的三维容差。

　　（3）镜头

　　该属性组用于设置镜头的相关属性，如图9-58所示。

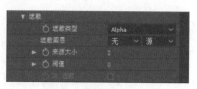
图 9-57

- **亮度：**用来设置灯光的亮度值。
- **使用灯光强度：**使用合成中灯光的强度来控制灯光的亮度。
- **比例：**可以设置光源的大小变化。

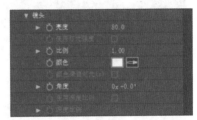

图 9-58

- **颜色：**用来设置光源的颜色。
- **角度：**用来设置灯光照射的角度。

（4）行为

该属性组用于设置灯光的行为方式。

（5）边缘反应

该属性组用于设置灯光边缘的属性。

（6）渲染

该属性组用于设置是否将合成背景中的黑色透明化。

9.3.2　应用Light Factory效果

选中图层，在"效果和预设"面板中展开Knoll Light Factory列表，选择Light Factory滤镜，在"效果控件"面板中设置相应参数。

完成上述操作后，即可观看应用效果对比，如图9-59和图9-60所示。

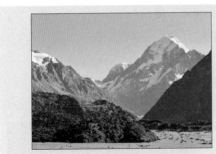

图 9-59

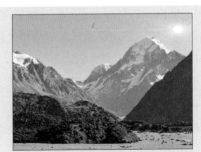

图 9-60

9.4　Shine（扫光）滤镜

Shine滤镜是Trapcode开发的一款快速扫光插件，该插件为用户制作片头和特效带来了极大的便利，本节将详细讲解其基础知识以及使用方法。

9.4.1　Shine滤镜基础

Shine滤镜用于After Effects CC，可以制作出逼真的扫光效果。下面将讲解其"效果控件"面板中较为重要的属性参数。

（1）预处理

该属性组主要用于在应用Shine滤镜之前需要设置的功能参数，如图9-61所示。

- **阈值**：分离Shine所能发生作用的区域，不同的
  阈值可以产生不同的光束效果。
- **使用遮罩**：设置是否使用遮罩效果。
- **来源点**：发光的基点，产生的光线以此为中心向
  四周发射。

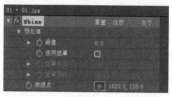

图 9-61

（2）光线长度

该属性组主要用于设置光线的长短，数值越大，光线越长。

（3）闪烁

该属性组主要用于设置光效的细节，如图9-62所示。

- **数量**：设置微光的影响程度。
- **细节**：设置微光的细节。
- **发光源点的影响**：光束中心对微光是否发生作用。
- **半径**：设置发光源点位置移动后动画变化的多少。
- **减少闪烁**：设置减少上述闪烁。在制作扫光动画

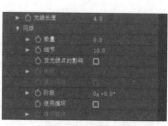

图 9-62

时，闪烁比较明显。如果选中该复选框后对闪烁效果不太满意，可以增加半径值
减缓动画变化。

- **阶段**：设置分形噪波的变化。
- **使用循环**：设置循环点，数值为"阶段"的圈数，即多少圈为一个循环。

（4）光线亮度

该属性组主要用于设置光线的高亮程度。

（5）着色

该属性组主要用于设置按照光线的亮度变化给光线赋予颜色，如图9-63所示。

- **着色**：选择光线赋予颜色的种类，一共26个类型。
- **基于**：设置基于效果产生Shine效果，一共7种模式。
- **高光**：设置高光部分颜色的拾取。
- **中高**：设置中高部分颜色的拾取。
- **中间调**：设置中间调部分颜色的拾取。
- **中低**：设置中低部分颜色的拾取。
- **阴影**：设置阴影部分颜色的拾取。
- **边缘厚度**：设置Alpha边缘厚度。

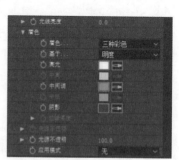

图 9-63

（6）来源不透明

该属性组主要用于设置源素材的不透明程度。

（7）光源不透明

该属性组主要用于设置光源的不透明程度。

（8）应用模式

该属性组主要用于设置图层的叠加模式。

9.4.2　应用Shine（扫光）滤镜

选中图层，在"效果和预设"面板中展开Trapcode列表，选择并双击Shine特效，并在"效果控件"面板中设置相应参数。完成上述操作后，即可观看应用效果对比，如图9-64和图9-65所示。

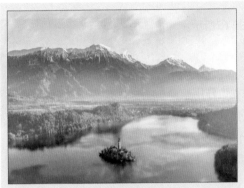
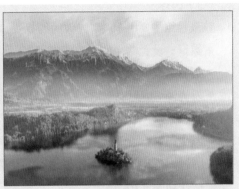

图 9-64　　　　　　　　　　　　　　　图 9-65

9.5　Starglow（星光闪耀）滤镜

Starglow滤镜是Trapcode公司为After Effects提供的星光特效插件，本节将详细讲解其基础知识以及应用方法。

9.5.1　认识Starglow滤镜

Starglow滤镜是一个根据源图像的高光部分建立星光闪耀效果的特效滤镜。下面将讲解其"效果控件"面板中较为重要的属性参数。

（1）预设

该属性提供了29种不同的星光闪耀特效。

（2）输入通道

该属性提供了选择特效基于的通道，包括：Lightness（明度）、Luminance（亮度）、Red（红色）、Green（绿色）、Blue（蓝色）和Alpha等通道类型。

（3）预处理

该属性组提供了在应用Starglow滤镜之前需要设置的功能参数，如图9-66所示。

● **阈值：**用来定义产生星光特效的最小亮度值。

● **阈值羽化：**用来柔和高亮和低亮区域之间的边缘。

● **使用遮罩**：选中此复选框，可以使用一个内置的圆形遮罩。

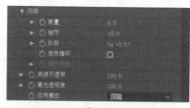

图 9-66

（4）光线长度

该属性组用于调整整个星光的散射长度。

（5）提高亮度

该属性组用于调整星光的亮度。

（6）各方向长度

该属性组用于调整每个方向的光晕大小。

（7）各方向颜色

该属性组用于设置每个方向的颜色贴图。

（8）贴图颜色A/B/C

这几个属性组主要用于根据各方向颜色来设置贴图颜色。

（9）闪烁

该属性组用于控制星光效果的细节部分，如图9-67所示。

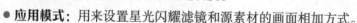

● **数量**：设置微光的影响程度。

● **细节**：设置微光的细节。

● **来源不透明**：设置源素材的不透明度。

● **星光透明度**：设置星光特效的透明度。

图 9-67

● **应用模式**：用来设置星光闪耀滤镜和源素材的画面相加方式。

9.5.2 应用Starglow滤镜

选中图层，在"效果和预设"面板中展开Trapcode列表，选择Starglow滤镜并在"效果控件"面板中设置相应参数。完成上述操作后，即可观看该滤镜的应用效果，如图9-68和图9-69所示。

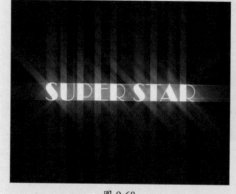

图 9-68

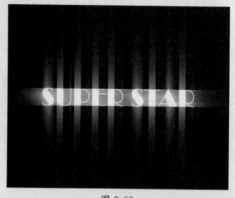

图 9-69

自己练/制作游动光线效果

案例路径 云盘/实例文件/第9章/自己练/制作游动光线效果

项目背景 After Effects的特效可以制作出多种光源效果，线状光效可用于模拟霓虹灯等亮化效果，结合"湍流置换"特效即可模拟闪电、电流等不规则发光效果。本案例中将介绍游动光线效果的制作，为了凸显光效的效果，我们可以选用纯色背景或者渐变色背景。

项目要求 ①选择钢笔工具绘制路径，路径光滑自然。

②选择较深的颜色作为背景，能够更好地凸显光效。

③光效颜色分为暖色和冷色。

项目分析 在纯色图层上使用钢笔工具绘制路径，添加"勾画"和"发光"特效，沿路径描边，设置长尾光线效果；复制图层，重新调整参数，设置光线头部的光效，将两个图层创建合成；为合成添加"湍流置换"特效，设置参数，再复制两个合成图层，修改"湍流置换"特效参数，如图9-70所示。

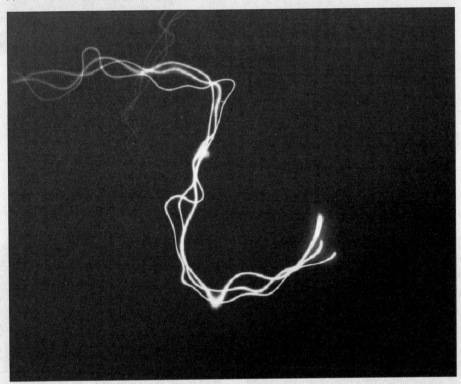

图 9-70

课时安排 4课时。

第**10**章

抠像与跟踪详解

本章概述

抠像技术是在影视效果制作中比较常见的技术，可以十分方便地将在蓝屏或绿屏前拍摄的影像与其他影像背景进行合成处理，从而制作出全新的影视效果。利用After Effects的跟踪技术可以获得视频中某个效果点的运动信息，如旋转、缩放等，然后将其传送到另一层的效果点并自动创建关键帧，从而实现另一层的运动与该层追踪点运动一致。

本章将为读者介绍抠像的概念、常用抠像特效、运动跟踪与运动稳定等知识的应用。

要点难点

- 了解"抠像" ★ ☆ ☆
- 常用"抠像"特效的应用 ★ ★ ★
- 运动跟踪与运动稳定 ★ ★ ☆

跟我学 制作图标跟随动画 //////////////////////

学习目标 运动跟踪功能可以根据在一帧中的选择区域匹配的像素来追踪后续帧的移动，跟随内容可以是图像也可以是动画视频。本案例将利用After Effects的运动跟踪功能，制作一个图标跟随的动画效果。

效果预览

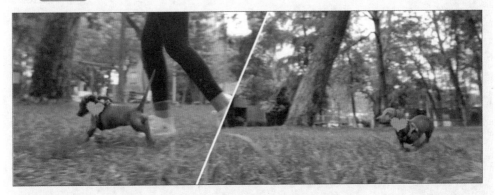

案例路径 云盘/实例文件/第10章/跟我学/制作图标跟随动画

1. 新建合成并导入素材

步骤01 新建项目。在"项目"面板中单击鼠标右键，在弹出的快捷菜单中选择"导入"|"文件"命令，或按Ctrl+I组合键，如图10-1所示。

步骤02 在弹出的"导入文件"对话框中选择素材"红心.jpg"和"小狗散步.mp4"，如图10-2所示。

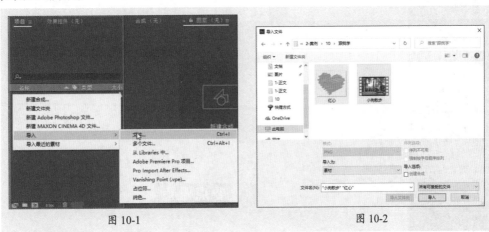

图 10-1　　　　　　　　　　　　　　　　　图 10-2

步骤03 在"项目"面板中右键单击视频素材，在弹出的快捷菜单中选择"基于所选项新建合成"命令，如图10-3所示。

步骤04 单击"确定"按钮即可根据视频素材创建合成，此时可以在"合成"面板中
看到素材的显示效果，如图10-4所示。将"红心"素材拖动到"时间轴"面板。

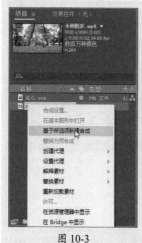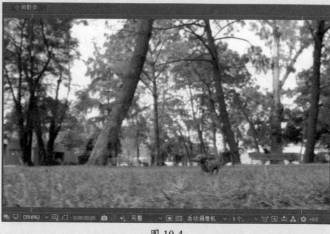

图 10-3　　　　　　　　　　　　　　　　　图 10-4

② 设置跟踪运动

步骤01 选择"小狗散步.mp4"视频图层，执行"动画"|"跟踪运动"命令，此时
在"图层"面板中心显示"跟踪点1"，如图10-5所示。

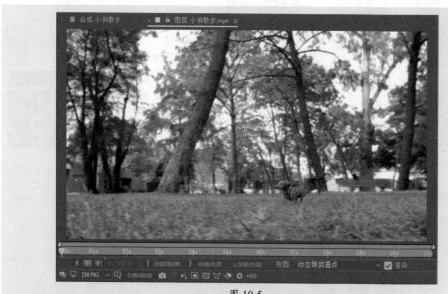

图 10-5

步骤02 在打开的"跟踪器"面板中单击"编辑目标"按钮，打开"运动目标"对话
框，选择将运动应用于"红心.png"图层，如图10-6所示。

步骤03 单击"确定"按钮关闭对话框，接着再调整跟踪框和跟踪点位置，这里将跟
踪器设置在小狗头部，如图10-7所示。

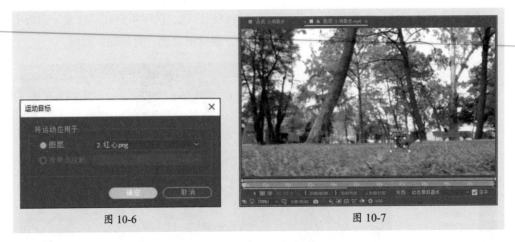

图 10-6　　　　　　　　　　　　　　图 10-7

步骤 04 在"跟踪器"面板中单击"向前分析"按钮，系统会开始自动分析并创建关键帧，直到视频结束，如图10-8所示。

步骤 05 跟踪点分析完毕后，单击"应用"按钮，系统会弹出"动态跟踪器应用选项"对话框，默认应用维度"X和Y"，如图10-9所示。

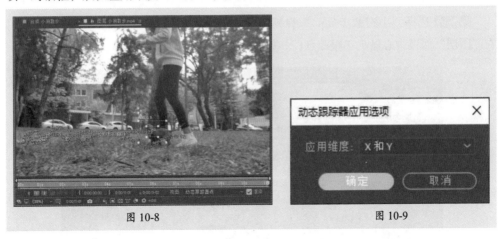

图 10-8　　　　　　　　　　　　　　图 10-9

步骤 06 单击"确定"按钮返回"合成"面板。在"时间轴"面板中将"红心.png"图层置于视频图层上方，然后按S键打开"缩放"属性，调整参数为5.0,5.0%，如图10-10所示。

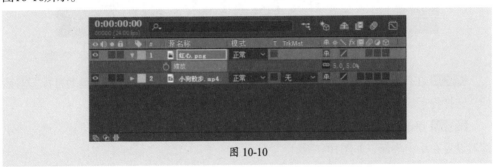

图 10-10

步骤 07 按空格键即可预览跟踪效果，可以看到红心图标会随着小狗奔跑而移动，如图10-11和图10-12所示。

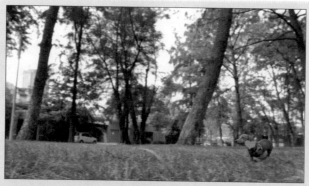

图 10-11

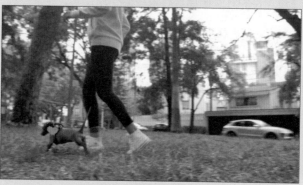

图 10-12

3. 保存项目文件

按Ctrl+S组合键，会打开"另存为"对话框，选择存储路径并输入项目名称，单击"保存"按钮即可保存项目文件，如图10-13所示。

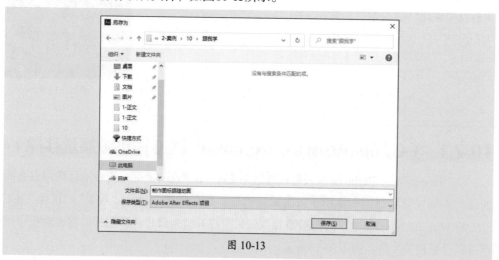

图 10-13

听 我 讲 ▶ Listen to me

10.1 抠像简介

在影视作品中我们经常可以看到很多真实世界无法达到的震撼的虚拟画面，但又非常逼真，如演员在半空中打斗，在空中飞行等，但其实演员始终没有离开过摄影棚，这些都是通过影视后期合成制作出的效果，也就是运用了抠像技术，用其他背景画面替换了原来的纯色背景。

抠像，是指在后期处理中提取图片或视频画面中的指定图像，并将提取出的图像合成到一个新的场景中去，从而增加画面的鲜活性，专业术语称为键控（Keying）。

选定所拍摄画面中的某一种颜色，将它从画面中清除掉，使之成为透明区域，也就是形成Alpha透明通道，再和背景画面进行最终的叠加合成，这个过程就是抠像。

知识链接　　　蓝色和绿色被选定为抠像去色的主要原因是因为蓝色和绿色是三原色，绝对纯度比较高，不容易与其他颜色混淆，能够达到很好的抠像效果。但并非只能用蓝色或绿色，只要是单一的、纯度较高的颜色就可以，但是需要与其他物体颜色有一定的反差，这样键控才更容易实现。

10.2 "抠像"特效组

"抠像"滤镜组包括CC Simple Wire Removal（CC简单金属丝移除）、Keylight（1.2）、内部/外部键、差值遮罩、抠像清除器、提取、线性颜色键、颜色范围、颜色差值键、高级溢出抑制器共10个特效，如图10-14所示。本节将为读者详细讲解几个常用特效的相关参数和应用。

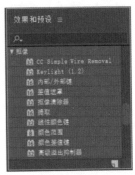

图 10-14

10.2.1 CC Simple Wire Removal（CC简单金属丝移除）

CC Simple Wire Removal效果可以通过指定A、B两点的坐标，简单地移除两点之间的线，在影视后期制作中常用于去除威亚钢丝。选择图层，执行"效果"|"抠像"|CC Simple Wire Removal命令，为图层添加该效果。打开"效果控件"面板，在该面板中用户可以设置相关参数，如图10-15所示。

- **Point A、B（点A/B）**：设置金属丝移除的点A、B。

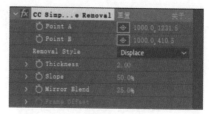

图 10-15

- **Removal Style（移除样式）**：设置金属丝移除风格。

- **Thickness（厚度）**：设置金属丝移除的密度。

- **Slope（倾斜）**：设置水平偏移程度。

- **Mirror Blend（镜像混合）**：对图像进行镜像或混合处理。

- **Frame Offset（帧偏移）**：设置帧偏移程度。

添加效果并设置参数，效果对比如图10-16和图10-17所示。

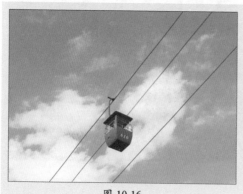

图 10-16

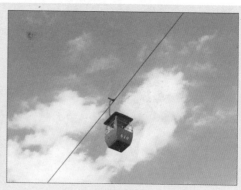

图 10-17

10.2.2　线性颜色键

"线性颜色键"效果可以使用RGB、色相或色度信息来创建指定主色的透明度，抠除指定颜色的像素。选择图层，执行"效果"|"抠像"|"线性颜色键"命令，为图层添加该效果。打开"效果控件"面板，在该面板中用户可以设置相关参数，如图10-18所示。

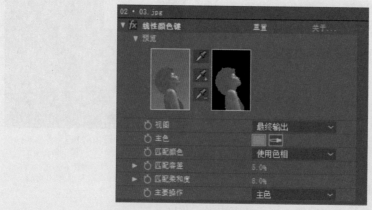

图 10-18

- **预览**：可以直接观察抠像选取效果。
- **视图**：设置"合成"面板中的观察效果。
- **主色**：设置抠像基本色。
- **匹配颜色**：设置匹配颜色空间。
- **匹配容差**：设置匹配范围。
- **匹配柔和度**：设置匹配的柔和程度。
- **主要操作**：设置主要操作方式为主色或者保持颜色。

添加"线性颜色键"效果并设置参数，为素材图层添加一个背景，效果对比如图10-19和图10-20所示。

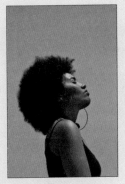

图 10-19

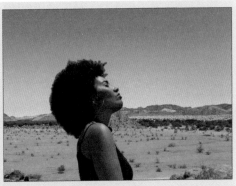

图 10-20

10.2.3 颜色范围

"颜色范围"特效通过键出指定的颜色范围产生透明效果，可以应用的色彩空间包括Lab、YUV和RGB，这种键控方式可以应用在背景包含多个颜色、背景亮度不均匀和包含相同颜色的阴影，这个新的透明区域就是最终的Alpha通道。选择图层，执行"效果"|"抠像"|"颜色范围"命令，在"效果控件"面板中可以设置相应参数，如图10-21所示。

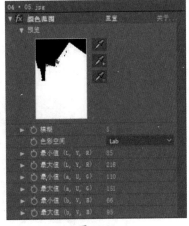

图 10-21

- **键控滴管**：该工具可以从蒙版缩略图中吸取键控色，用于在遮罩视图中选择开始键控颜色。
- **加滴管**：该工具可以增加键控色的颜色范围。
- **减滴管**：该工具可以减少键控色的颜色范围。
- **模糊**：对边界进行柔和模糊，用于调整边缘柔化度。

- **色彩空间：** 设置键控颜色范围的颜色空间，有Lab、YUV和RGB 三种方式。
- **最小值/最大值：** 对颜色范围的开始和结束颜色进行精细调整，精确调整颜色空间参数，（L，Y，R）、（a，U，G）和（b，V，B）代表颜色空间的3个分量。最小值调整颜色范围开始，最大值调整颜色范围结束。

完成上述操作后，即可观看应用效果对比，如图10-22和图10-23所示。

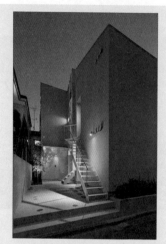

图 10-22

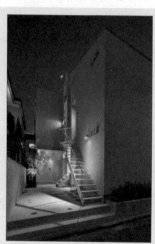

图 10-23

10.2.4　颜色差值键

　　"颜色差值键"效果可以通过使用吸管工具选择A、B两层的黑色（透明）与白色（不透明），这两层叠加以后则产生α层，使用吸管工具分别选择A、B两层的黑色与白色，从而完成最终抠像效果。选择图层，执行"效果"|"抠像"|"颜色差值键"命令，在"效果控件"面板中可以设置相应参数，如图10-24所示。

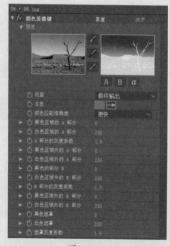

图 10-24

- **滴管**：分为键控滴管、黑滴管和白滴管3种。
- **颜色匹配准确度**：指定用于抠像的颜色类型，绿色、红色和蓝色一般选择"更快"选项，其他颜色选择"更精确"选项。
- **部分黑/白**：可精确控制抠像精度。黑可以调节每个蒙版的透明度，白可以调节蒙版的不透明度。

完成上述操作后，即可观看应用效果对比，如图10-25和图10-26所示。

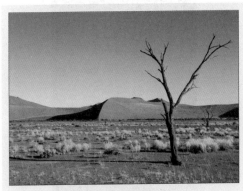 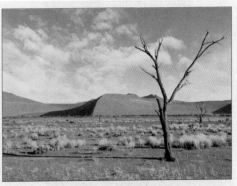

图 10-25 图 10-26

10.2.5 高级溢出抑制器

由于背景颜色的反射作用，抠像图像的边缘通常都有背景色溢出，利用"高级溢出抑制器"可以消除图像边缘残留的溢出色。为图像抠像后，再执行"效果"|"抠像"|"高级溢出抑制器"命令，在"效果控件"面板中可以设置相应参数，如图10-27所示。

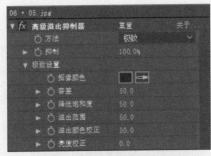

图 10-27

- **方法**：选择抑制类型，分为"标准"和"极致"两个选项。
- **抑制**：设置颜色抑制程度。
- **极致设置**：当选择"极致"选项时，该属性组可用，可以详细地设置抠像颜色、容差、溢出范围等参数。

完成上述操作后，即可观看应用效果对比，如图10-28和图10-29所示。

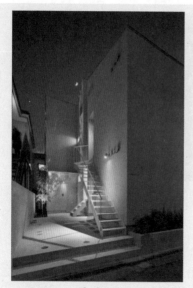

图 10-28

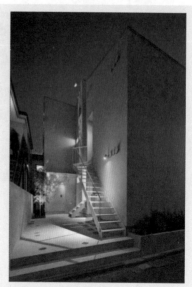

图 10-29

10.3　运动跟踪与运动稳定

　　运动跟踪和运动稳定在影视后期处理中的应用相当广泛，多用来将画面中的一部分进行替换和跟随，或是将晃动的视频变得平稳。本节将详细讲解运动跟踪和运动稳定的相关知识。

10.3.1　运动跟踪和运动稳定的定义

　　运动跟踪是根据对指定区域进行运动的跟踪分析，并自动创建关键帧，将跟踪结果应用到其他层或效果上，从而制作出动画效果。比如使燃烧的火焰跟随运动的人物，为天空中的飞机吊上一个物体并随之飞行，为移动的镜框加上照片效果等。运动跟踪可以追踪运动过程中比较复杂的路径，如加速和减速以及变化复杂的曲线等。

　　运动稳定是通过After Effects对前期拍摄的影片素材进行画面稳定处理，用于消除前期拍摄过程中出现的画面抖动问题，使画面变得平稳。

　　在对影片进行运动追踪时，合成图像中至少要有两个层，一个作为追踪层，另一个作为被追踪层，二者缺一不可。

10.3.2　创建跟踪与稳定

　　用户可以在"跟踪器"面板中进行运动跟踪和运动稳定的设置。选中一个图层，执行"动画"|"跟踪运动"命令，即可弹出"跟踪器"面板，在该面板中可设置跟踪器的相关参数，如图10-30所示。

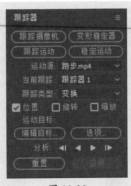

图 10-30

10.3.3 跟踪器

在设置追踪路径的时候，"合成"面板内会出现追踪器，由两个方框和一个交叉点组成。交叉点叫做"追踪点"，是运动追踪的中心；内层的方框叫做"特征区域"，可以精确追踪目标物体的特征，记录目标物体的亮度、色相和饱和度等信息，在后面的合成中匹配该信息而产生最终的追踪效果；外层的方框叫做"搜索区域"，其作用是追踪下一帧的区域，搜索区域的大小与追踪对象的运动速度有关，追踪对象运动越快，搜索区域就会适当放大。

跟踪方式包括一点跟踪和四点跟踪两种。

1. 一点跟踪

选择需要跟踪的图层，执行"动画" | "跟踪运动"命令，选择目标对象，在"合成"面板中调整跟踪点和跟踪框，如图10-31所示。

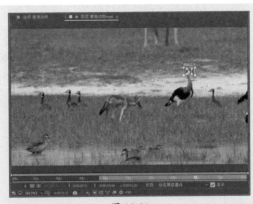

图 10-31

知识链接　　跟踪分析需要较长的时间。搜索区域和特征区域越大，跟踪分析所要花费的时间就会越长。

在"跟踪器"面板中单击"分析前进"按钮，系统即会自动分析并创建关键帧，如图10-32所示。

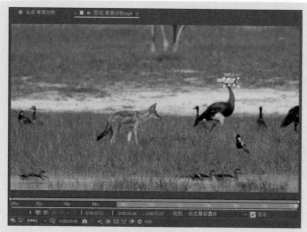

图 10-32

② 四点跟踪

选择需要跟踪的图层，执行"动画"|"跟踪运动"命令，在弹出的"跟踪器"面板中单击"跟踪运动"按钮，并设置"跟踪类型"为"透视边角定位"，如图10-33所示。

在"合成"面板中调整四个跟踪点位置，如图10-34所示。完成上述操作，单击"分析前进"按钮即可预览跟踪效果。

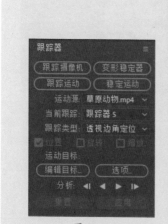

图 10-33

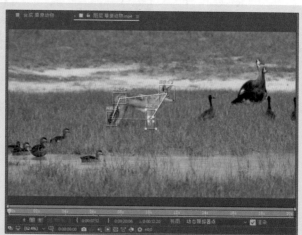

图 10-34

💬 **技巧点拨**

视频中的对象移动时，常伴随灯光、周围环境以及对象角度的变化，有可能使原本明显的特征不可识别。即使是经过精心选择的特征区域，也常常会偏离，因此，重新调整特征区域和搜索区域、改变跟踪选项以及再次重试是创建跟踪的标准流程。

自己练/制作云层移动动画效果

案例路径 云盘/实例文件/第10章/自己练/制作云层移动动画效果

项目背景 很多人喜欢拍摄，用来记录生活的点滴。但有时候对拍摄的天空效果不是很满意，这时就可以利用"抠像"特效清除原照片中的天空区域，并为其更换合适的天空背景，结合"位置"属性就可以制作出云层移动的效果。

项目要求 ①选择适合抠图的素材图像。

②选择带有远近景的天空素材图像。

③基于素材图像创建合成。

项目分析 导入素材，基于建筑素材创建合成；利用"颜色范围"特效为天空区域抠像；调整背景图层大小，为"位置"属性创建关键帧，最终效果如图10-35所示。

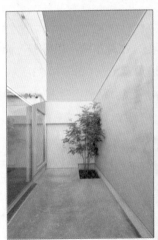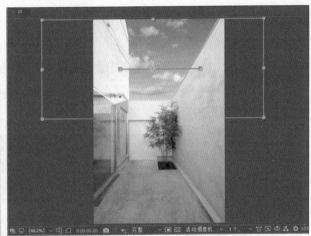

图 10-35

课时安排 2课时。

参 考 文 献

[1] 吉家进，樊宁宁 . After Effects CS6技术大全 [M]. 北京：人民邮电出版社，2013.

[2] Adobe公司 . Adobe After Effects经典教程 [M]. 人民邮电出版社，2009.

[3] 程明才. After Effects CS4影视特效实例教程. 电子工业出版社，2010.

[4] 沿铭洋，聂清彬 . Illustrator CC 平面设计标准教程 [M]. 北京：人民邮电出版社，2016.

[5] Adobe公司 . Adobe InDesign CC 经典教程 [M]. 北京：人民邮电出版社，2014.

内 容 简 介

本书以实操案例为单元，以知识详解为线索，从After Effects CC最基本的应用讲起，全面细致地对视频后期效果的合成方法和特效应用进行了介绍。全书共10章，实操案例包括自定义操作界面、创建我的项目、制作电子相册、制作文字飞入效果、制作季节变化效果、制作水墨展开效果、制作玻璃写字动画、制作舞动粒子效果、制作动感光线效果、制作图标跟随动画等。理论知识涉及After Effects入门知识、After Effects基础操作、图层操作、文字特效、色彩校正与调色、蒙版特效、内置滤镜特效、仿真粒子特效、光效滤镜，以及抠像与跟踪等，每章最后还安排了针对性的项目练习，以供读者练手。

全书结构合理，通俗易懂，图文并茂，易教易学，既适合作为高职高专院校和应用型本科院校动漫视频、多媒体技术及影视编导相关专业的教材，又适合作为影视后期制作爱好者和各类技术人员的参考用书。

图书在版编目（CIP）数据

Adobe After Effects CC影视后期设计与制作案例技能实训教程 / 黄军强，叶丰主编. —北京：清华大学出版社，2022.1
ISBN 978-7-302-59468-0

Ⅰ. ①A… Ⅱ. ①黄… ②叶… Ⅲ. ①图像处理软件 – 教材 Ⅳ. ①TP391.413

中国版本图书馆CIP数据核字（2021）第217290号

责任编辑：李玉茹
封面设计：李　坤
责任校对：翟维维
责任印制：曹婉颖

出版发行：清华大学出版社
网　　　址：http://www.tup.com.cn, http://www.wqbook.com
地　　　址：北京清华大学学研大厦A座　　　　　　邮　　编：100084
社 总 机：010-62770175　　　　　　　　　　　　邮　　购：010-83470235
投稿与读者服务：010-62776969, c-service@tup.tsinghua.edu.cn
质 量 反 馈：010-62772015, zhiliang@tup.tsinghua.edu.cn
印 装 者：北京博海升彩色印刷有限公司
经　　销：全国新华书店
开　　本：170mm×240mm　　　　　印　　张：15.25　　字　　数：371千字
版　　次：2022年1月第1版　　　　　印　　次：2022年1月第1次印刷
定　　价：79.00元

产品编号：090128-01

Adobe After Effects CC
影视后期设计与制作
案例技能实训教程

黄军强　叶丰　主编

清华大学出版社

北京